사춘기 아이 키울 때
꼭 알아야 할 것들

사춘기 아이 키울 때
꼭 알아야 할 것들

모로토미 요시히코 지음 | 이정환 옮김

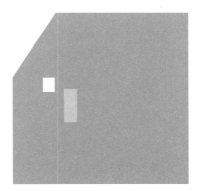

 나무생각

섬세하고 복잡한 사춘기 육아,
어떻게 해야 될까

아이의 사춘기는 아이로서도 지나기 힘든 시기지만, 부모들도 대부분 가장 힘들어하고 고민이 많은 시기다. 많은 아이들이 사춘기가 되면 대체로 짜증을 잘 내고 반항적인 행동을 하거나 무슨 생각을 하는지 알 수 없는 모습을 보인다.

"별로."

"그래서?"

"특별히 생각 없어."

"몰라!"

이런 식으로 말수는 점차 줄어들고, 부모보다 친구와의 커뮤니케이션이 증가한다. 그래서 많은 부모들이 이런 고민을 말한다.

"무슨 질문을 해도 아이가 대답을 하지 않고 도통 마음을 열어주지 않아요."

"우리 아이는 무슨 생각을 하고 있는지 알 수가 없어요."

'반항기'로 접어들어 부모에게 심한 말을 하거나 가슴에 상처를 입히는 경우도 있다. "전에는 그렇게 착하고 귀여웠는데…." 하고 한숨을 내쉬는 부모의 기분, 충분히 이해한다.

부모로서 '아이를 어떻게 대하고 무슨 말을 해야 좋을지' 알 수 없는 시기가 아이의 사춘기다. 경우에 따라서는 그런 상태가 몇 년이 될 수도 있고, 스무 살, 서른 살이 될 때까지 이어지기도 한다.

또 최근에는 '독친毒親'이라는 말도 등장했다. 국어사전에는 없는 말이지만, 아이를 지배하거나 궁지로 몰아 아이에게 '독이 되는 부모'를 가리키는 말이다. 하지만 처음부터 '독이 되는 부모'는 없다. '평범한 부모'가 '독이 되는 부모'가 되기 쉬운 시기는 언제일까?

바로 사춘기다.

사춘기는 아이가 어른이 되기 위해 '자기'를 갖추기 시작하는 시기인데, 이와 반대로 부모는 아이를 자기가 생각하는 대로 컨트롤해야 된다고 생각한다. 그 결과 '평범한 부모'가 '독이 되는 부모'로 바뀌는 것이다.

아이에게 계속 '좋은 부모'가 될 수 있을까? 아니면 '독친'이 될까? 그 갈림길은 사춘기의 자녀와 어떤 시간을 함께 보내는가에 달려 있다.

나는 35년 동안 교육 카운슬러로서 셀 수 없이 많은 부모들을 상담해왔다. 아동상담소 카운슬러나 학교의 카운슬러로 활동하면서 육아·교육에 관한 고민에 귀를 기울여왔고 현재는 메이지明治 대학 교수로서 대학원에서 육아 및 교육 관련 카운슬러들을 양성하고 있다.

사춘기 아이와의 소통 문제로 고민하는 부모들의 목소리, 부모와의 관계성 때문에 고민하는 아이들의 목소리. 양쪽 모두 정말 많은 사연들을 들어왔다.

이 책은 그런 경험을 통하여 얻은 식견을 바탕으로 새롭게 집필한 책이다. 섬세하고 복잡한 사춘기 아이와의 소통은 유소년기의 육아와는 전혀 다르다.

"이런 것 때문에 고민하는 아이는 우리 아이뿐일 거야." 하고 불안하게 생각하는 부모들도 있을 것이다.

이 책에서는 사춘기이기 때문에 발생하는 고민이나 여러 가지 문제에 관하여 두루 이야기하고 함께 해답을 찾아볼 예정이다.

더 이상 어린아이 취급을 하지 않는다

독일의 정신과 의사 프리츠 펄스Fritz Perls의 〈게슈탈트의 기도〉라는 제목의 시가 있다.

나는 나의 인생을 살고

너는 너의 인생을 산다.

나는 너의 기대에 부응하기 위해

이 세상에 태어난 것이 아니다.

너도 나의 기대에 부응하기 위해

이 세상에 태어난 것이 아니다.

나는 나, 너는 너.

만약 두 사람의 마음이 맞는다면

그건 그 나름대로 멋진 일이고,

만약 두 사람의 마음이 어긋난다면

그건 그 나름대로 어쩔 수 없는 일이지.

인간이 행복해지기 위한 방법에 관하여 씌어진 이 시에는 사실 사춘기 육아에 대한 매우 중요한 해법이 담겨 있다. 이 시에서 '나'를 '아이'로, '너'를 '부모'로 수정해보자.

아이는 아이의 인생을 살고

부모는 부모의 인생을 산다.

아이는 부모의 기대에 부응하기 위해

이 세상에 태어난 것이 아니다.

부모도 아이의 기대에 부응하기 위해

이 세상에 태어난 것이 아니다.

아이는 아이, 부모는 부모.

아이에게는 아이의 인생이 있고

부모에게는 부모의 인생이 있다.

어떤가? 뭔가 느껴지는 부모들도 많이 있을 것이다. 내가 여기
에서 가장 전하고 싶은 내용은 '아이와 부모는 각각 다른 인간'이
라는 것이다. 아이에게는 아이의 인생이 있고 부모에게는 부모의
인생이 있다. 사춘기는 아이가 부모와 분리됨과 동시에 부모가
아이와 분리되는 시기이기도 하다.

아이는 부모가 이루지 못한 꿈이나 바람을 대신 이루기 위한
도구가 아니다. 아무리 얼굴과 성격이 닮았다고 해도 아이는 부
모와는 다른 인간이다. 부모와는 다른, 자신의 꿈을 꿀 권리를 가
진 하나의 대등한 인간인 것이다.

우선 부모 자신이 자녀가 독립된 하나의 인격체임을 확실하게 마음에 새겨두어야 한다. 아이를 '어린아이 취급'하는 시기는 이제 막을 내려야 한다.

'우리 아이가 아무래도 사춘기인 것 같다.'

'최근 왠지 모르게 부모에게 반발하는 일이 증가했다.'

일상생활 속에서 이런 느낌이 드는 일들이 자주 발생한다면 우선 부모의 의식을 바꾸어야 한다. 더 이상 아이를 '어린아이 취급'하지 말고 한 명의 대등한 인간으로서 대해야 한다. 이것이 사춘기 아이와 소통하는 출발점이다.

부모로부터 '어른 취급'을 받는 아이일수록 '일찍 어른이 된다'는 사실을 기억하자.

행복한 부모의 아이가 행복해진다

사춘기 아이와의 소통 때문에 고민하는 부모들에게 또 한 가지 전하고 싶은 말이 있다. 바로 '당신이 지금 끌어안고 있는 고민은 결코 특별한 것이 아니다.'라는 것이다. 세상에는 당신과 비슷한 고민을 하고 있는 부모들이 정말 많다.

나는 35년 동안의 카운슬러로서의 경험을 통하여 '모든 가정은 고민을 끌어안고 있다. 아무런 고민도 없는 가정, 아무런 고민도 없는 부모는 단 한 명도 없다'는 사실을 알았다.

아이의 특성 때문에 고민이다, 부부 사이가 원활하지 않다, 경제 상황이 어려워졌다, 건강 때문에 불안하다, 본가 식구들과 약간의 갈등이 있다… 이렇듯 누구나 나름대로의 고민들을 조금씩 끌어안고 있다.

그 사실을 깨닫지 못하고 '나만 불행해.'라고 생각하면 사람의 의식은 정말 불행의 늪으로 계속 빠져 들어갈 수밖에 없다. 우리들 누구나 '행복해질 권리'를 가지고 있다. 이 세상에 태어난 이상 "무슨 일이 있어도 행복해지겠다."라고 결심하고 하루하루를 살아야 한다.

신경 쓰이는 문제가 발생하면 "잘될 거야."라고 소리 내어 말해보자. 이 말은 나 자신이 사춘기 시절에 어머니에게 많이 들은 말이다. 아이뿐만 아니라 고민에 사로잡힌 부모들도 구원받을 수 있는 말이기도 하다.

푸른 바닷물과 함께 서서히 흘러가는 시간을 머릿속에 떠올리고 이 말을 세 번 반복해서 말해보자.

"잘될 거야."

"잘될 거야."

"잘될 거야."

마음속의 짐이 사라지면서 한결 가벼워질 것이다.

사춘기 아이를 키우는 부모가 "잘될 거야."라고 하면서 여유를 갖추고 살아가는 모습은 아이의 행복과도 직결된다. 사춘기 아이는 흔들리기 쉽고 상처받기 쉽고 불안정하다. 사소한 일로 심각하게 고민을 하고 우울해한다. 그런 섬세한 시기에 부모가 침울한 모습을 보이면 아이는 더욱 불안해진다.

사춘기 아이는 친구 문제를 비롯해서 고민이 많다. 자신의 문제에 신경을 쓰는 것만으로도 힘겹다. 늘 자신의 문제로 머릿속이 가득 차 있다. 그런데 걱정이 많은 부모로부터 "너 괜찮니?", "엄마는 걱정이다."라는 식의 두려움이 담긴 말을 들으면 정말 견디기 어려워질 것이다.

그래서 잔소리 많은 부모를 귀찮아하고 말을 들으려 하지 않는다. 무서운 점은 여기에서 관계가 일그러져버리면 아이는 아무리 시간이 흘러도 사춘기의 불안한 심리에서 성장하지 못하고 '아이 같은 어른'이 될 가능성이 크다는 것이다.

걱정이 많은 부모를 '귀찮은 존재'로 거부하면서 10대 시절부터 30대 시절까지 20여 년 동안 부모 말을 듣지 않은 딸의 이야기도 들은 적 있다.

사춘기 부모는 안정되어 있어야 한다. "잘될 거야."라고 여유롭게 생각할 뿐 아니라 하루하루 안정적이고 즐겁게 보내야 한다. 부모의 안정된 모습과 밝은 모습이 사춘기 아이를 구원해준다는 사실을 기억하길 바란다.

그러니 우선 부모 자신이 여유를 갖고 마음을 안정시키도록 하자. 괜찮다. 다른 부모들도 같은 고민을 하고 있다. 틀림없이 잘 될 것이다. 너무 괴로울 때에는 잠시 피할 수도 있다. 이런 식으로 강하고 여유 있게, 대범하게 살아가는 모습을 아이에게 보여주는 것도 어른으로서의 의무다.

사춘기뿐 아니라 육아에서 가장 중요한 것은 부모 스스로 행복해야 한다는 것이다. 부모 자신이 행복한 상태에서 마음껏 사랑을 전해야 한다. 그것은 아이가 0세이든 15세이든 마찬가지다. 아이는 부모가 행복해하는 모습을 보고 '자신도 행복해도 된다'는 사실을 배우기 때문이다. 이것이 어렵다고 느껴질 때에는 다음과 같은 내용을 생각하자.

아이는 이 우주가 엄마, 아빠에게 보내준 소중한 선물이다. 또 부모가 부모로서, 인간으로서 배우고 성장하도록 중요한 기회를 주는 존재다. 모든 아이는 각자의 영혼에 주어진 미션을 가지고 이 세상에 태어나는데, 그 미션을 완수하기 위해 이 세상에 올 때 엄마와 아빠를, 그리고 그 DNA를 선택한다. 보이지 않는 천상의 세계에 있을 때부터 엄마와 아빠를 살펴보고 이렇게 판단하는 것이다.

"이 사람들에게로 내려가자. 이 사람들의 DNA가 새겨져 있는 지구상에서의 몸을 빌리도록 하자! 그렇게 하면 내가 살면서 이루어야 할 일들을 모두 이룰 수 있을 거야. 이 사람들이라면 나의 미션을 완수하는 데 필요한 애정과 영양분과 DNA와 성장을 하는 데 필요한 엄격한 시련도 제공해줄 거야!"

아이는 이렇게 엄마와 아빠를 선택해서 이 세상에 오게 되는 것이다.

이런 따뜻한 '마음의 눈길'로 사춘기 아이의 성장을 지켜보도록 하자. 아이가 장래에 '행복한 인생을 보낼 수 있는 인간'이 되는 데에 가장 중요한 것은 부모가 '사랑이 넘치는 눈길'로 아이를 지켜보는 것이다.

내일부터 당장 사춘기 자녀와 사랑이 넘치는 소통이 이루어지기를 바란다. 이를 위해 나의 오랜 경험을 바탕으로 한 구체적인 지혜와 방법을 여러분께 아낌없이 제공할 예정이다.

　사춘기 아이와의 진심 어린 소통은 부모에게 있어서 확실히 장벽이 매우 높다. 하지만 이 장벽을 잘 뛰어넘으면 그 앞에는 반드시 아이와 부모를 위한 행복한 길이 기다리고 있을 것이다.

　　　　　　　　　　　　　　　　　　모로토미 요시히코

차례

2장 사춘기의 불안과 반항심을 상대하는 방법

4장 사춘기 아이를 위해 반드시 알아두어야 할 성교육

5장 건강한 사회인이 되기 위한 준비 작업

1장

사춘기, 이끄는 게 아니라
다가가는 것이다

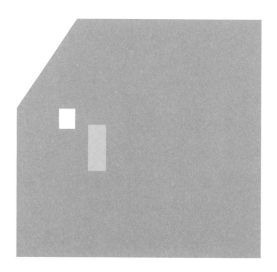

사춘기는
자기를 만드는
중요한 시기다

초등학교 4학년부터 중학교 3학년까지 대체로 아이의 사춘기가 시작된다. 이 시기에 아이에게는 '어떤 변화'가 나타나기 시작한다.

"갑자기 아이의 태도가 바뀌었어요."

"학교에서 무슨 일이 있었던 것 같아요."

"이럴 때 부모는 어떻게 해야 좋을지 모르겠어요."

부모는 아이의 급격한 변화에 당황해한다.

2~3세의 제1차 반항기 때의 특징은 무조건 싫다는 것이다. 무슨 일이건 무조건 "싫어!"라고 부정하는 것이다. 하지만 사춘기는

그렇게 간단히 규정짓거나 이해하기 어렵다.

"우리 아이는 어느 때부터인가 저와 전혀 대화를 나누려 하지 않아요. 하지만 같은 반 친구는 무슨 일이든 엄마에게 이야기를 하는 것 같더라고요."

이런 말을 봐도 태도나 반응이 아이에 따라 각양각색이다. 그래서 "왜 우리 아이만…" 하고 낙담하는 경우도 있다.

육아에는 세 가지 중요한 시기가 있다
① 마음의 토대를 만드는 시기: 0~6세 정도의 영유아기
② 사회의 규칙과 협력심을 배우는 시기: 6~10세 정도의 아동기
③ 자기 만들기에 착수하는 사춘기

마지막 시기인 사춘기는 부모에게 의존하는 시기를 벗어나 자기를 새롭게 만드는 시기다. 부모와 분리되어 '자기'를 만들기 시작하는 시기인 것이다.

이 시기에 아이는 다른 사람의 시선이나 평가에 매우 민감해진다. 주눅이 들어 비굴해지는가 하면 공격적인 모습을 보이거나 대화를 거부하기도 한다.

부모 입장에서 보면 "대체 왜 저러는 거야?" 하고 걱정을 하겠

지만 그런 변화에 누구보다 당황하는 것은 아이 자신이다. 사춘기에 들어선 아이는 불만이나 불안, 초조, 자의식, 열등감 등의 여러 가지 감정이 뒤섞이면서 '자기'를 만들어간다. 복잡하면서도 중요한, 어른이 되어가는 이행 기간이다. 이것이 '질풍노도의 시기'로 불리는 사춘기다.

신체 변화에
마음이 따라가지
못해서 힘들다

사춘기는 언제부터 시작되는 것일까? 개인차가 매우 큰데 남자아이는 이른 경우 초등학교 3학년 정도부터, 여자아이는 이른 경우 초등학교 2학년 정도부터 사춘기에 돌입한다. 하지만 일반적으로는 초등학교 5~6학년이나 중학교 1~2학년 정도부터 사춘기로 들어간다. 그때부터 고등학교 1~2학년 정도까지가 '어른도 아니고 아이도 아닌 시기'라고 불리는 '사춘기'에 해당한다.

그 후에는 개인차가 더욱 커서 고등학교 3학년 정도에 완전히 부모로부터 심리적으로 자립하여 어른이 되는 아이도 있고, 대학교 4학년이 되어도 부모에게 기대어 있거나 심한 경우는 취업을 해서 스물다섯 살, 서른 살이 되어도 부모로부터 정신적으로 자립을 하지 못하는 사람이 있다. '어른 같기도 하면서 아이 같기도 한' 사춘기의 심리가 서른 중반까지 이어지는 사람도 적지 않다. 심한 경우에는 마흔 살, 쉰 살이 넘도록 부모에게 의존하는 '어른 아이'가 될 가능성도 있다. 그렇기 때문에 반드시 10~18세에는 '부모로부터 벗어나' 정신적으로 자립해야 한다.

사춘기 아이의 몸에는 다양한 변화가 일어난다. 호르몬 분비가 왕성해지기 때문에 키가 훌쩍 자란다. 여자아이라면 몸매가 부드러운 곡선을 형성하게 되고 생리가 시작된다. 남자아이는 수염이 자라고 정자를 배출시킬 수 있게 된다. 신체의 급격한 변화에 이끌리듯 연애나 성적인 것에 대한 관심도 높아진다.

그러나 신체가 급격하게 변화한다고 해서 마음도 그 성장 속도를 따라가는 것은 아니다. 성숙해가는 신체 안에는 '어른의 마음'과 '아이의 마음'이 공존한다. '자립하고 싶은 마음'과 '응석 부리고 싶은 마음'의 갈등이나 '이상적인 자기'와 '현실적인 자기'의 갈등도 나타난다. 다양한 점에서 불균형이 보인다. 이 '어른의 마음'과 '아이의 마음'의 차이야말로 사춘기의 가장 어려운 부분이다.

사춘기 아이는
어떤 스트레스를
끌어안고 있을까

초등학교 3~4학년을 지날 무렵부터 대부분의 아이는 같은 또래 친구들과의 관계성이 무엇보다 중요해진다. '부모와의 관계'보다 '친구와의 관계' 쪽이 중요해지는 것이다.

친한 그룹이 고정화되고 친구끼리의 결속이 강화되기 때문에 '주변에 맞추어야 한다', '튀지 않도록 행동해야 한다'는 압박감도 강해진다. 이것을 '동조압력同調圧力. Peer pressure'이라고 한다.

또한 교실이라는 상자 안에서 줄이 세워지는 사춘기는 세상의 일반적인 '잣대'에 노출되는 시기이기도 하다.

"나는 친구보다 위일까, 아래일까?"

성적, 운동 능력, 외모, 가정환경…. 가까운 친구부터 SNS를 통해서 알게 된 유명 인사까지 사춘기 아이는 모든 대상과 자신을 비교하여 생각하고 고민한다.

사실은 성적이 좋은 사람과 나쁜 사람 중에 어느 한쪽이 위대한 것도 아니고, 성적이나 외모가 그 사람의 모든 것은 아니라는 사실을 잘 알고 있으면서도 거기에 얽매여버리는 것이 사춘기 아이들이다.

사춘기 아이에게 학교는 전쟁터가 되기도 한다

하루의 대부분을 보내는 학교라는 공간에서 아이들은 눈에 보이지 않는 서열에 노출된다. 같은 반 아이들 중에는 분명히 '이 아이는 위, 이 아이는 아래'라는 '서열'이 있다. 이것을 '스쿨 카스트School Caste'라고도 한다. 다른 친구들과 같아야 된다는 동조압력 때문에 아이는 답답함을 느끼면서도 '내가 있을 수 있는 장소를 확보하기 위해' 필사적으로 노력한다.

일본 문부과학성 괴롭힘방지대책협의회의 조사에 의하면, 초등학교 4학년부터 중학교 3학년까지의 6년 동안 '한 번이라도 괴롭힘이나 따돌림을 당한 경험이 있는 아이'의 비율은 90%나 된다. 또 같은 조사에서 '한 번이라도 괴롭힘이나 따돌림을 한 경험이 있는 아이'의 비율도 90%에 이른다. 즉, 거의 모든 아이들은 '괴롭힘'을 당한 적이 있고 가한 적도 있다. 다시 말하면 같은 반 안에서 누가 친구라는 틀에서 제외될지 알 수 없는 공포가 존재하는 것이다.

그런 의미에서 사춘기 아이들에게 학교는 전쟁터다. 부모에게는 알리고 싶지 않지만 혼자서는 어떻게 해결해야 좋을지 알 수 없는 그런 문제들이 엄청나게 발생하는 곳이다.

이 책을 읽고 있는 여러분도 부모라는 역할을 일단 제쳐두고 본인의 10대를 돌이켜 보자. 그 시기 특유의 고민이나 절실함, 고통이 떠오를 것이다. 누구나 나름대로의 경험과 기억이 있지 않을까? 지금 당신의 아이도 그러한 소용돌이 안에 놓여 있다.

아이의 변화에
맞추어 관계를
변화시킨다

아이가 크게 변하는 사춘기라는 시기는 부모와 아이의 관계도 필연적으로 크게 변화시킨다.

아이는 갑자기 반항적으로 행동하고, 친구나 학교의 근황을 물어보아도 입을 열려고 하지 않는다. 사소한 말 한 마디로 갑자기 감정이 폭발해버리기도 한다.

이들 모두가 극히 일반적인 사춘기의 행동이다. 갑자기 성장하는 자신의 신체에 당황하여 성별이 다른 부모와 거리를 두려 하는 아이도 있다. 반대로, 자신과 성별이 같은 부모에 대해서만 강하게 반발하는 경우도 있다. 표면적으로는 변하지 않은 것 같아도 마음속으로는 '엄마, 아빠는 나를 전혀 이해하지 못해.'라고 생각하여 몰래 거리를 두는 아이도 있다. 이것들은 모두 아이가 '자기'를 새롭게 만드는 과정에서 발생하는, 자연스러운 반응이라는 사실을 일단 이해해야 한다.

그런 다음, 아이를 '어른 취급' 하는 것이다.

"반항기라고 해도 아직은 애야."

"태도나 행동은 완전히 아이인데, 뭐."

이렇게 생각할지도 모른다. 그러나 사춘기 아이의 마음속에는 '어른의 마음'도 존재한다. 따라서 어른과 마찬가지로 아이의 의견이나 주장을 존중해주어야 한다. 사고방식이 맞지 않을 때에는 부모의 생각을 설명해준다. 정면으로 맞서 부딪히기보다 약간의 거리를 두고 지켜보아야 한다.

아이를 어른 취급하려면 부모 쪽이 먼저 어른이 되어야 한다.

사춘기에 육성되는 능력 ❶
:자기를 만드는 능력

사춘기가 부정적인 면만 있는 것은 아니다. 오히려 그 앞의 기나긴 인생을 건강하게 살아가기 위해 절대적으로 필요한 '능력'을 육성하는 시기이기도 하다. 나는 사춘기가 존재하기 때문에 육성되는 세 가지 특별한 능력이 있다고 생각한다. 첫 번째 능력은 '자기를 만드는 능력', 즉 '자기 설계 능력'이다.

자기를 만든다는 것은 무엇일까? 이것은 일상의 실질적인 체험에서 자신이 어떤 사람인지를 조금씩 알아가는 것부터 시작된다.

• 나는 어떤 사람일까?

- 나는 어떤 성격일까?
- 부모와는 어떤 부분이 같고 어떤 부분이 다를까?
- 나는 어떤 인생을 살고 싶은 것일까?
- 자신 있는 과목은 무엇이고 자신 없는 과목은 무엇일까? 그 이유는 무엇일까?
- 나는 어떤 것을 좋아하고 무엇을 할 때가 가장 즐거울까?
- 이것만큼은 절대로 용서할 수 없다고 생각하는 것은 무엇일까?
- 내가 콤플렉스라고 생각하는 부분은 무엇일까?
- 최근 들어 엄마, 아빠가 귀찮게 느껴지는 이유는 무엇일까?

사춘기 아이는 매일 발생하는 다양한 의문이나 불만을 통하여 다른 사람과 자신을 비교하거나 미지의 가치관이나 세상을 접하면서 조금씩 '자기'를 만들어 나간다.

실패를 해서 침울해지는 경우도 있다. 그래도 부모가 나서서 안전한 길로 이끌어주려는 행동은 하지 말아야 한다. 이 과정에서 중요한 것은 그때까지 설정되어 있던 부모의 가치관에서 벗어나 스스로의 가치관을 정립하는 것이기 때문이다. 사춘기에 이 좌절을 맛보지 않으면 오히려 어른이 된 이후에 고통을 받게 된다.

아이는 이 시기에 부모와는 다른, 자기 나름대로의 새로운 가치기준을 발견해야 한다. 그리고 그 '새로운 자기'를 긍정하고 자기 긍정감을 키워 나가야 한다. 이렇게 해서 '자기'라는 인간의 토대를 만들어야 '자기의 인생을 설계해 나가는 능력'을 갖추게 된다.

사춘기에 육성되는 능력 ❷
:좌절에서 다시 일어서는 능력

"아이가 어렸을 때에는 가능하면 실패나 좌절을 경험하게 하고 싶지 않아요."

부모 입장에서 당연히 이런 생각을 할 수 있다.

하지만 '이쪽 길이라면 안전하다'고 레일을 깔아준다고 해도 평생 그 상태를 유지하기는 불가능하다. 어떤 사람이든 성장 과정에서 반드시 어떤 사건이 발생하여 상처를 입는다. 또 학교나 사회에 나가 '최고가 아닌 자기 자신'이나 '특별하지 않은 자기 자신'을 마주하고 받아들여야 한다.

상처 입는 것, 패배하는 것, 실패하는 것, 많은 아이들에게 있어서 사춘기는 좌절의 연속이다.

"좋아하는 사람에게 차였다."

"제1지망 학교에서 떨어졌다."

이런 것들은 단기적으로 보면 부정적인 사건이지만 긴 안목으로 보면 매우 중요하고 의미 있는 체험이다. 사춘기의 실패는 좌절에서 다시 일어서는 방법을 배울 수 있는 절호의 기회이기 때문이다.

좌절 그 자체가 중요한 것이 아니다. 중요한 것은 '좌절에서 어떻게 다시 일어서는가' 하는 것이다. 슬픔과 분노에 맞서 자신의 마음을 재정비하고 이 경험을 어떻게 유익하게 활용할 것인가? 좌절에서 재기하기까지의 과정 안에서 '좌절에서 다시 일어서는 능력resilience'이 육성된다.

좌절은 시간이 지나면 다음의 식량이 되기도 한다. 첫 실연 덕분에 다음 연애가 순조롭게 진행될 수도 있다. 제2지망으로 입학한 학교가 자신에게 너무 잘 맞아 오히려 더 좋은 기회를 찾을 수 있다. 이런 전개도 당연히 있을 수 있다.

'나는 즐겁게 도전했으니까 됐어.', '결과는 결과일 뿐이야! 나는 내 나름대로 최선을 다했으니까 됐어.'라고 스스로를 인정하는 것이 중요하다.

하나를 실패했다고 해서 모든 것이 나쁜 것은 아니다. 이것을 스스로의 경험을 통해서 이해하게 되는 것은 긍정적으로 노력할 수 있는 에너지가 될 것이다.

인생에는 다양한 곤란이 찾아온다. 패배하면 그것으로 끝이 되어버리는 나약한 어른이 되지 않기 위해서도 10대일 때에 '좌절에서 다시 일어서는 능력', 즉 '회복탄력성'을 갖추어야 한다.

사춘기에 육성되는 능력 ❸
: 고민하는 능력

사춘기에 갖추어지는 세 번째 능력은 '고민하는 능력'이다. 아마 대부분의 사람들은 '고민'이라는 행위에 부정적인 인상을 가지고 있을 것이다. 본인의 아이가 끌어안고 있는 고민에 귀를 기울이면서도 "그런 아무것도 아닌 문제 때문에 고민을 하다니." 하고 웃어버린 적도 있을 것이다.

"그렇게 끙끙거리면서 고민하지 말고 일단 행동으로 옮겨보는 게 어떻겠니?"

이렇게 아이의 고민을 흘려듣고 가볍게 조언을 할 수도 있다.

우리 어른은 아무래도 고민이라는 행위를 부정적으로 포착하기 쉽다. 하지만 사춘기에는 철저하게 고민해보는 것도 결코 나쁘지 않다.

갓난아기가 우는 것이 일인 것처럼 사춘기 아이는 '고민하는 것이 일'이다. 즉, 고민을 통하여 '자기 만들기'라는 과제를 수행하는 것이다.

"정말 이것으로 괜찮은 걸까?"

"만약 실패하면 어떻게 하지?"

이런 식으로 수많은 생각을 하며 진지하게 고민하는 것은 자신의 인생을 선택해서 나아가려는 진취적인 자세다.

고민에는 또 한 가지 이점이 있다. 그것은 '고독'에 익숙해진다는 것이다. 물론 친구나 가족에게 고민을 상담하는 경우도 있다. 그래도 고민을 하는 시간 대부분은 고독한 외톨이의 시간이기도 하다. 안일하게 다른 사람의 판단에 의존하지 않고 스스로 생각을 하는 것이다. 이 능력을 사춘기부터 갖춰놓으면 인생의 다양한 국면에서 반드시 도움이 된다.

'고민하는 능력'을 갖추는 것은 '생각하는 능력＝사고력'을 갖추는 것과 같다. 진지하게 고민할 수 있는 사람은 인생에서 발생하는 문제들을 적당히 넘기지 않고 확실하게 매듭을 지을 줄 아는 사람이다. '고민 따위는 성가시다.', '고민 따위는 잊어버리고 늘 밝게 살아야지.'라는 식으로 살아가는 것은 언뜻 긍정적이고 시원스러워 보이지만 사실은 본인과 정면으로 맞서지 않는 사람이기도 하다는 뜻이다.

사춘기에 고민하는 능력을 갖춘다는 것은 이후의 인생을 진지하게 살아가는 능력과 연결된다. 부모가 정답이나 상식을 강요하는 것이 아니라 아이 스스로 진지하게 고민하고 선택을 하도록 맡겨야 한다. 진지하게 고민할 줄 아는 아이는 앞으로의 자신의 인생을 누구보다 건강하게 꾸릴 수 있다.

부모는
한 걸음 떨어져서
지켜봐야 한다

사춘기 아이들은 '자기 만들기'라는 과제에 도전하여 '부모와 는 다른 나'라는 존재를 필사적으로 만들어간다. '자기'를 만들려 면 일단 부모와의 관계를 끊어야 한다. 예를 들자면 지금까지 있 었던 토대를 전부 부수고 거기에 새로운 건물을 짓는 것이다. 당 연히 정서나 행동이 불안정해진다. 부모는 우선 이 점을 충분히 이해해야 한다.

사춘기 아이를 대할 때의 최선책은 '한 걸음 떨어진 거리에서 지켜보는 태도'를 관철하는 것이다. 아이의 '자기를 만드는 시기' 가 시작되면 부모 역시 '지켜보는 시기'로 들어가야 한다.

지금까지는 자녀에게 사회를 가르쳐주기 위해 도움을 주거나 함께 놀아주는 등 적극적으로 말을 걸었을 것이다. 또는 아이의 의견을 존중하려고 "뭘 하고 싶니?", "어떻게 하고 싶니?"라는 질문도 던졌을 것이다.

그러나 사춘기 아이에게는 부모가 모르는 세계에서의 갈등이나 고민이 있다. "나 혼자 해결하고 싶어.", "도전해보고 싶어."라는 생각이 들 수도 있고, "이런 말을 해도 좋을까?"라는 식으로 주저하는 마음이 생길 수도 있다.

사춘기 아이는 어른이 일방적으로 이끌어주는 존재가 아니다. '자기 만들기'에 집중하고 있는 아이가 바라는 것은 같은 눈높이에서 '자기'를 존중해주는 대등한 커뮤니케이션이다.

부모에게 필요한 능력 ❶
:지켜보는 능력

'지켜보는 능력'이란 평소에는 한 걸음 떨어진 장소에서 아이를 지켜보다가 위기에 처했을 때 가까이 다가가 지원해주는 것을 일컫는다. 사춘기 아이를 대할 때 기본적인 태도는 지켜본다는 이 한 마디로 설명할 수 있다.

하지만 막상 사춘기로 돌입하면 '지켜본다'는 것이 예상했던 것 이상으로 어렵다. 사춘기 아이에게는 친구들과의 문제, 선생님과의 문제, 이성과의 관계 등 부모 입장에서 보면 "정말 괜찮을까?" 할 정도로 다양한 문제들이 연속적으로 발생하기 때문이다.

또 대부분의 부모는 "우리 아이는 내가 가장 잘 알고 있어.",

"실패하지 않도록 잘 이끌어줘야 해."라는 마음을 버리지 못한다. 물론 거기에는 부모로서의 애정과 책임감이 있다. 하지만 사춘기로 접어든 아이는 자신이 생각한 것, 느낀 것 등 실질적인 체험을 통해서 많은 것을 배우면서 '자기'를 만들어간다. 사춘기는 자기의 축을 만들기 위한 매우 중요한 시기다.

POINT 말하기 편한 분위기를 만들어놓고 기다린다

잘 지켜보기 위해서 가장 중요한 것은 '지나치게 간섭하지 않는 것'이다. 사춘기 아이는 아직 미숙하다. 부모로서는 걱정이 되어 자기도 모르게 참견을 하고 싶을 때가 있을 것이다. 하지만 그런 충동을 참아야 한다.

아이가 끌어안고 있는 문제는 아이 자신이 맞서서 해결해야 할 문제다. "부모인 내가 올바르게 이끌어주어야 해.", "어른의 판단이 옳은 거야."라는 사고방식은 버려야 한다. 지나친 간섭은 지배와 같다.

물론 전혀 간섭을 하지 않을 수는 없다. 무슨 말이든 할 수 있는 편안한 분위기를 만들거나 아이가 뭔가 말을 하고 싶어 하는 모습이 보일 때에는 "이야기를 하면 마음이 편해지는 경우도 있어."라고 전해본다.

　말하기 편한 분위기를 만들어놓고 기다리는 것은, 위에서 내려다보는 시선이 아니라 대등한 눈높이로 바라보면서 아이의 생각이나 행동을 존중하는 것이다.

　이것이 '지켜보는 능력'의 핵심 비결이다.

부모에게 필요한 능력 ❷
:다가가는 능력

　사춘기 아이를 둔 부모에게 필요한 두 번째 능력은 위기 상황에서 발휘되는 '다가가는 능력'이다.

　다가간다고 해도 항상 곁에서 함께 지내야 하는 것은 아니다. 아이가 친구와의 문제 때문에 고민하고 있을 때, 부서 활동의 경쟁이나 시합에서 패하여 우울해할 때, 그 슬픔이나 감정을 이해하고 힘을 줄 수 있는 능력, 그것이 '다가가는 능력'이다.

　"엄마(아빠)도 친구와 의견이 맞지 않을 때가 있어."

　"시합에서 져서 억울하겠구나."

　이처럼 슬픔이나 고통에 부모가 공감해주면 아이의 마음에는 에너지가 축적된다.

"엄마(아빠)는 나를 충분히 이해해주는 사람이야."

"엄마(아빠)는 언제든지 내 편이야."

이런 생각과 함께 아이의 마음에는 에너지가 차곡차곡 축적된다. 마음에 에너지가 축적되면 다음에 힘든 상황을 만나더라도 "좀 더 노력해보자."라는 긍정적인 마음이 생긴다.

아이가 고민을 털어놓거나 분노나 슬픔을 이야기하면 우선 가까이 다가가 마음을 열고 귀를 기울여보자. "그래, 그래.", "응, 이해할 수 있어."라고 맞장구를 치거나 "엄마(아빠)도 그럴 때가 있었어."라는 식으로 공감을 해주면 아이는 힘을 얻는다.

POINT 부모는 심판이 될 필요가 없다

아이가 고민을 털어놓았을 때 "그건 네 친구가 잘못했네.", "선생님이 문제가 있네."라는 식으로 즉시 판결을 내리는 부모도 있다. 하지만 부모의 역할은 옳고 그름을 심판하는 것이 아니다. '좋다', '나쁘다'는 부모가 생각하는 것이 아니라 아이 스스로 생각하고 깨달아야 한다.

사춘기 아이를 둔 부모가 해야 할 일은 아이의 고통이나 슬픔을 받아들여주는 것으로 충분하다. 부모의 성급한 판결은 아이가 자기의 머리로 생각할 기회를 빼앗아버린다.

부모의 판결은 결과적으로 '부모 탓으로 돌리는 태도'를 육성할 수도 있다. "그건 엄마가 한 일이니까.", "그건 아빠가 결정한 일이니까."라는 식으로 모든 것을 '부모 탓'으로 돌려버린다. 그래서 아이의 마음속에는 인생에 대한 책임감이 갖추어지기 어렵다.

"엄마(아빠)가 나의 힘든 마음을 이해해주었어."

"엄마(아빠)가 내 슬픔에 공감해주었어."

이런 경험이 계속 축적되어야 한다. 단지 이것만으로도 부모에 대한 아이의 신뢰는 자라게 된다.

부모에게 필요한 능력 ❸
: 낙관적으로 생각하는 능력

사춘기 아이를 두고 있는 부모에게 필요한 세 번째 능력은 '낙관적으로 생각하는 능력'이다.

애당초 부모는 왜 아이가 하는 일에 대해 '이렇게 해라, 저렇게 해라'는 식으로 참견과 간섭을 하는 것일까? 그것은 바로 '걱정이 되기 때문'이다.

부모에게서 벗어나려는 시도를 하는 사춘기 아이는 자주 반항적인 태도를 보이거나 거친 행동을 한다. 거기에 대해 부모가 느끼는 초조감이나 분노 같은 부정적인 감정이 걱정을 낳는 원인으로 작용한다.

이 악순환을 어떻게 끊어야 할까? 부모가 '낙관적으로 생각하는 능력'을 갖추면 된다.

POINT "잘될 거야."라고 말해본다

"잘될 거야."

"괜찮아."

"그럴 수도 있지."

모든 문제를 이런 사고방식으로 받아들이는 것이다. 이것은 부드럽게 돌려 표현하는 것이기도 한데, 자연스럽게 낙관적인 태도를 취할 수 있다.

아이의 건방진 행동에 화가 나서 소리를 지르고 싶어진다면 숨을 깊게 들이쉬고 이렇게 세 번 말해본다.

"잘될 거야."

"잘될 거야."

"잘될 거야."

아이가 이런저런 짜증이나 불평을 해도 "잘될 거야."라고 너그럽게 받아들인다. 사춘기 아이의 부모는 무엇보다 이런 '낙관성'을 갖추어야 한다.

"잘될 거야."를 사고의 토대로 삼고 아이를 긍정하는 말을 건넬 수 있도록 노력하자.

상처받는 것, 수치를 당하는 것, 실패하는 것, 이 모든 것들은 성장하기 위한 경험이다. 그럴 때마다 부모가 참견을 하거나 아이를 안전한 장소에만 놓아두려 하면 아이에게 정말 중요한 '성장할 수 있는 기회'를 빼앗는 결과를 낳는다.

집안이 경제적으로 힘들다, 부부가 싸움을 했다, 아이의 행동을 보면 초조해진다… 이런 상황에서 자신의 불안정한 마음을 진정시키고 편한 상태를 유지하고 싶을 때가 있을 것이다.

아이가 시험을 망쳤을 때, 친구에게 기분 나쁜 말을 들었을 때, 최선을 다해 노력했는데 시합에 졌을 때, 장래가 불안하게 느껴질 때, 이런 상황에서 아이의 불안정한 마음을 편안하게 해주고 싶을 때도 있을 것이다.

이 모든 순간에 "잘될 거야."라는 말이 큰 도움이 된다.

사춘기 아이에게는 여러 가지 갈등이 있다. 부모가 이것저것 도와주려 했을 때 아이가 "가만히 좀 내버려둬!"라고 말한다면 그것이 사춘기의 시작이다.

부모는 어떻게 해야 할까?

우선 조용히 지켜본다.

아이가 상담을 원하면 마음을 열고 이야기를 들어준다.

"잘될 거야."라고 낙관적으로 생각한다.

이렇게 아이와 함께 부모 자신도 이 시기를 거치며 보다 큰 어른으로 성장한다는 생각으로 대응하도록 하자.

부모가
저지르기 쉬운
문제 행동

질문 공세, 지나친 간섭은 역효과

"그러니까 전에도 내가 말했잖아."

"공부는 제대로 하고 있는 거야?"

"그래도 괜찮은 거야?"

걱정이 되어 일상적으로 이런 말을 자주 하고 있지는 않은가?
유감스럽게도 아이에게 하는 이런 말들은 모두 역효과를 부른다.

사춘기 아이에게 사생활은 무엇보다 중요한 영역이다. 친구와
의 미묘한 관계성, 콤플렉스, 진로 고민, 연애 감정 등등에는 섬
세하고 중대한 사항들이 뒤엉켜 있다. 그런데 하나하나 질문을

받으면 어떨까? 당연히 우울해진다. 사춘기 아이 입장에서 질문 공세를 당하는 것은 마음속을 짓밟히는 듯한 불쾌한 경험이 될 수도 있다.

POINT 사소한 문제에는 전혀 간섭하지 않는다

아이는 하고 싶은 말이 있으면 이쪽에서 물어보지 않아도 스스로 말을 꺼낸다. 좀 더 친밀하게 아이와의 커뮤니케이션을 유지하고 싶다는 생각에 질문 공세를 펴서 대화를 이끌어내려는 태도는 바람직하지 않다.

"오늘은 학교에서 어땠어? 수학 시험 결과는? 방과 후에는 누구와 놀았어?"

집으로 돌아오자마자 이런 질문 공세를 받고 즐겁게 미주알고주알 대답해주는 아이는 거의 없다. 오히려 "시끄러워!", "가만히 좀 내버려둬!"라고 냉담한 반응을 보일 것이다.

일상생활에서의 사소한 문제에는 가능하면 간섭을 하지 않아야 한다. 단, 아이가 스스로 말을 할 경우에는 관심을 보이고 적극적으로 귀를 기울인다.

이 두 가지를 꼭 실천하자. 그러면 아이는 속으로 '엄마(아빠)는 나를 믿고 있어.'라고 느낄 것이다.

감정적으로 대응하여 말다툼을 유발시킨다

사춘기의 '자기 만들기'에는 몇 년에 걸친 시간과 엄청난 에너지가 필요하다. 그 과정에서 자주 볼 수 있는 것이 부모에 대한 '반항'이다.

"아직도 그런 생각을 하다니 정말 고루해."

"나는 절대로 엄마처럼 살지는 않을 거야."

"아빠는 아무것도 몰라."

이렇게 감정적으로 말을 하며 부모의 의견이나 가치관에 정면으로 맞선다. 그중에는 부모에게 욕설이 섞인 심한 말을 하는 아이도 있을 수 있다. 저주나 원망을 하기도 한다. 이것은 반항기의 특징이다.

정면으로 반발하는 것이 아니라 마음속에 응어리를 만드는 타입의 아이도 있다. 전에는 무슨 말이든 잘해주었는데 최근 들어서는 집으로 돌아오면 즉시 자기 방으로 들어가버린다. 이런저런 질문을 해도 "특별히 문제없어.", "아무것도 아냐.", "별거 아냐." 라는 식으로 감정이 전혀 섞이지 않은 답변이 돌아온다. 이것 역시 반항의 또 다른 형태다.

POINT 아이의 분노에 휘말리지 않는다

이처럼 반항적인 태도를 보이면 부모 입장에서는 당연히 초조감을 느끼게 된다. 순간적인 감정을 억제하지 못해 "뭐라고? 이 건방진 녀석이!", "그렇게 마음에 안 들면 나가!"라는 식으로 화를 내는 부모도 많다.

단, 여기에서 부모가 아이에게 똑같이 거친 말을 하거나 논리적으로 옳고 그름을 추궁하는 것은 오히려 역효과다. 서로 물러서지 않아 더욱 치열하게 다투게 될 뿐이다.

이런 상황이 발생하지 않도록 '부모가 한 걸음 물러나야' 한다. 아이의 분노에 휘말리지 말고 한 걸음 떨어진 장소에서 가능하면 냉정하게 바라보아야 한다.

부모는 어른이다. 따라서 당연히 부모 쪽에서 '어른스럽게' 행동해야 한다. 인생 경험이 적은 아이를 상대로 화를 내고 소리를 지르는 것은 어른이 취해야 할 태도는 아니다.

그렇다면 분노가 끓어오를 때는 어떻게 해야 할까?

가장 좋은 방법은 화가 나거나 초조할 때에는 그 자리를 벗어나는 것이다. 일단 머릿속의 화를 식히고 냉정을 되찾아야 한다.

육아 카운슬러로 수십 년간 많은 집안의 부모와 아이 관계를 지켜보아왔다. 그 과정에서 알게 된 것 중 하나는 부모가 아이에게 라벨을 붙이고 싶어 한다는 사실이다.

"우리 아이는 기가 약해서 혼자서는 아무것도 결정 못 해요."

"우리 아이는 너무 마음이 약해서 친구들에게 휘둘릴 것 같아 걱정이에요."

"어린 시절부터 잘하는 게 없고 너무 둔감해요."

물론 맞는 부분도 있을 것이다. 줄곧 함께 생활하다 보면 이 정도는 당연히 파악할 수 있다. 하지만 그 라벨은 언제 붙여진 것일까? 어쩌면 오래전에 붙여진 낡은 라벨인데 지금도 똑같다고 믿고 있는 것은 아닐까?

사춘기 아이는 부모가 모르는 장소에서 빠른 속도로 성장한다. 어린아이였던 시절의 모습에 얽매이지 말고 이제는 자녀를 한 사람의 어른으로 다시 보도록 하자.

POINT **부모의 불안한 모습이 아이를 고민하게 만든다**

아이는 계속 성장한다. 하지만 다섯 살짜리 아이가 그 성질을 그대로 유지하면서 열다섯 살이 되지는 않는다. 그런데도 부모가 '우리 아이는 이렇다'는 식으로 믿고 과거와 똑같이 대하면 아이는 제대로 성장하기 어렵다.

애당초 부모가 아이에게 붙이는 라벨의 대부분은 사실 부모 자신의 마음이 반영되어 있는 것에 지나지 않는다. 자신의 콤플렉스, 이상이나 희망을 아이에게 투영시켜 그것이 라벨이 되어 있는 경우도 매우 많다.

눈앞에 있는 아이는 다섯 살 때의 아이가 아니다. 부모와도 전혀 다른 인간이다. 이제 과거의 라벨은 떼어버릴 시기가 온 것이다.

사춘기 아이에게
스마트폰은
어떤 존재일까

최근 육아에 관한 고민 중에 압도적으로 많은 것이 스마트폰을 대하는 방식이다. 친구와의 교류 도구, 정보 검색, SNS, 게임, 동영상 등 스마트폰에는 아이의 시선을 사로잡는 모든 요소들이 들어 있다. 스마트폰을 가지고 있지 않다는 이유에서 친구들에게 따돌림을 받는 경우도 있고 그와 반대로 스마트폰을 가지고 있어서 따돌림을 당하는 경우도 있다. 절대적으로 필요하면서도 매우 성가신 아이템이 스마트폰이다.

특히 SNS에 빠지면 스마트폰은 아이의 분신 같은 존재가 된다. 일단 자기 방에 들어가면 다른 것은 전혀 하지 않고 스마트폰만 들여다보는 아이도 적지 않다. 그런 아이가 되지 않도록 하려면 스마트폰을 구입하기 전에 아이와 충분히 이야기를 나누고 규칙을 정해두어야 한다. 중고생은 통제가 어렵지만 초등학생일 때는 '밤 10시 이후에는 방에 들고 들어가지 않는다.', '스크린타임 기능을 활용하여 시간을 제한한다.' 등 구체적으로 규칙을 정하고 그것을 지키게 해야 한다.

한편 스마트폰을 사용하는 태도를 보고 친구들과의 문제를 알아채는 경우도 있다.

"문자가 오면 즉시 답장을 해야 돼."

"이 애플리케이션을 설치하지 않으면 친구들과 이야기를 나눌 수 없어."

아이가 이런 말을 한다면 괴롭힘이나 동조압력에 휘말려 있을 가능성이 있다. 한밤중에 "선배가 불러서."라고 집을 나간 아이가 사실은 괴롭힘을 당하고 있었다는 사례도 빈번하다.

친구들 사이에서 뭔가 규칙이 정해져 있는 것인지, 곤란한 문제가 있는 것은 아닌지 물어보자. 그렇다고 아이의 스마트폰을 들여다보는 것은 절대로 안 된다. 몰래 살펴보았다는 사실을 자녀가 알게 되면 부모에게 마음을 닫고 등을 돌릴 수도 있다.

밤에는 스마트폰을
사용할 수 없는
구조를 만든다

"눈도 나빠지고 잠을 자는 시간이 너무 늦어지니까 밤에는 스마트폰을 들여다보지 않는다."

이렇게 규칙을 정해놓았는데도 어느 틈엔가 아이가 침대 속에서 밤늦게까지 스마트폰을 들여다보고 있다면? 아주 흔한 경우다. 그리고 이 경우에 "왜 약속을 안 지키는 거니?"라고 일방적으로 아이를 꾸짖어도 소용이 없다.

"혹시 연락이 와 있을 수도 있어."

"게임을 계속하고 싶어."

"SNS를 살펴보고 싶어."

호기심을 유발하는 건 애플리케이션이나 SNS의 구조다. 우리 어른들도 한번 집중하기 시작하면 어지간해서 빠져나오기 힘들다. 다만 "내일 일에 지장이 있으니까.", "의존증에 걸리면 안 되니까."라는 이유로 냉정하게 빠져나오고 있을 뿐이다.

호기심이나 유혹을 끊는 데에 효과적인 것은 포기하기 쉽게 만드는 것이다. 어떻게 해야 쉽게 포기할까? 처음부터 사용할 수 없다면 포기하는 수밖에 없다.

그러니까 처음부터 '밤에는 사용하지 않는' 구조를 만들어야 한다. 대부분의 통신 회사는 '청소년 보호 기능' 서비스를 하고 있는데, 애플리케이션 이용 시간을 제한하는 기능도 갖추어져 있다. 아이폰이라면 '스크린 타임'이라는 기능이 처음부터 들어가 있어서 애플리케이션마다 사용 제한을 설정할 수 있다.

안드로이드 단말기 역시 제한 기능을 설정할 수 있다. 'Google's Family Link' 같은 청소년 보호 기능 시스템에서는 하루 총 이용 시간이나 특정 애플리케이션 이용 시간을 제한할 수 있다. 그 밖에도 비슷한 애플리케이션이 많이 있으니까 각 가정에 맞는 것을 선택해서 적절하게 시간을 설정하면 된다.

단, 스마트폰에 이용 제한을 설정해두었다고 해서 무조건 안심하기엔 이르다. 이런 사용 제한에서 '간단히 벗어날 수 있는' 수단도 있기 때문이다.

디지털 네이티브Digital Native 세대의 아이들은 중학생만 되어도 어른 이상으로 인터넷을 검색하는 노하우가 뛰어나다. '스크린 타임 해제', '이용 제한 무시'라는 검색을 하는 것만으로도 기능의 맹점을 이용한 설정 해제 기술이나 수단을 즉시 찾을 수 있다. 또 친한 친구들로부터 정보를 얻는 경우도 있다.

만약 아이가 그런 수단들을 이용해서 동영상이나 게임을 하고 있다면 그것을 해결하기 위한 대응책을 마련해야 한다. 여기에는 여러 가지 방법이 있을 테지만 스마트폰 단말기가 아니라 와이파이 공유기를 바꾸는 방법도 있다.

최근에는 요일이나 시간대를 지정해서 와이파이 공유기에 연결되는 시간대를 설정하는 기능을 탑재한 공유기가 등장하고 있다. 이것은 단말기마다 이용 제한 시간을 설정할 수 있기 때문에 아이의 스마트폰 단말기를 '오후 4시부터 밤 10시까지는 사용 가능하고, 밤 10시 이후에는 제한한다'라고 설정하면 그 시간대에 한해서는 인터넷에 접속할 수 없다.

중요한 것은 아이가 인터넷에 접속하는 시간대를 처음부터 확실하게 정해두어야 한다는 것이다. 그때그때마다 부모가 벌컥 화를 내면서 차단을 하는 것이 아니라 처음에 사용 규칙을 정할 때 이것 역시 확실하게 정해놓으면 좋다.

부모의
스마트폰 의존도
주의해야 한다

어른 자신도 스마트폰을 대하는 태도를 바꾸어야 한다. 보스턴 대학 의료센터의 연구에 의하면 "스마트폰 의존도가 높은 부모일수록 아이를 엄격하게 규제하는" 경향이 있다고 한다.

또 미국 중고생을 대상으로 삼은 조사에 의하면 "대화 중에 부모가 스마트폰을 들여다보고 있는 모습을 자주 보았다."라고 대답한 아이들이 25%, "부모가 자식보다 더 스마트폰을 소중하게 여긴다는 느낌이 든다."라고 대답한 아이는 20%에 이르렀다는 보고가 있다.

부모들이 자기도 모르게 스마트폰에 의존하게 된 결과, 일상생활에서 아이와의 관계에 소홀해지고 아이콘택트나 커뮤니케이션이 줄어들고 있는 게 현실이다.

부모와 아이, 어느 쪽이건 스마트폰에 의존하는 경향이 강해지면 둘의 관계에는 나쁜 영향이 발생하게 된다. 부모와 아이가 함께 스마트폰을 대하는 올바른 태도를 배워 지나치게 의존하는 경향은 발생하지 않도록 주의해야 한다.

2장

사춘기의 불안과 반항심을
상대하는 방법

당황하는 심리가
반항적인 태도로
나타난다

"대체 왜 저러는 거지?"

"왜 갑자기 바뀌었을까?"

아이가 사춘기에 접어들면 대부분의 부모는 당황해한다.

아이는 기분이 항상 나빠 보이고 표정도 굳어 있다. 말을 걸어도 제대로 답변하지 않고 스마트폰만 들여다본다. 섬세하면서 자존심이 세다. 무엇보다 정서가 무척 불안정하다. 쉽게 감정을 폭발시킨다.

괜찮다. 이것이 '흔히 볼 수 있는' 사춘기의 전형적인 모습이다.

반항적으로 보이는 태도에도 이유가 있다. 사춘기가 되면 아이는 보호자나 어른으로부터 심리적으로 벗어나 자립하려는 마음이 강해진다. 자기가 믿을 수 있는 것, 정의, 가치관의 기준을 찾으려 한다. 이것은 매우 힘든 작업이다. 부모는 사춘기 아이의 마음속에서 그런 심리적 움직임이 일고 있다는 사실을 알아채고 여러 가지 돌출 행동을 이해해줘야 한다.

사춘기 아이의 반항적인 태도의 배후에는 무엇이 있을까?

"이대로는 안 돼."라는 안타까움, "그건 잘못된 거야."라는 분노, "나에 대해서 알게 하고 싶지 않아."라는 초조감이 있다. 사춘기의 '자기 만들기' 과정에서 발생하는 타인과 사회에 대한 반발이 '반항'이라는 형태를 띠고 나타나는 것이다.

스스로도 어찌해야 좋을지 모르고, 무슨 말을 해야 할지도 모른다. 그런 애매한 마음을 정확하게 전달할 수 있는 말을 아이들은 모른다. 이것이 '반항'이라는 형태로 표현되는 것이다.

사춘기 아이의 반항 타입 ❶
: 대화 회피형

부모가 말을 걸어도 대답하지 않는다. 대답을 한다고 해도 "별로.", "그냥."이라는 식으로 건성으로 말한다. 마음에 들지 않는 일이 있으면 대답하지 않는다. 짜증을 내며 방에 틀어박혀 나오지 않는 일도 빈번하다. 사춘기 반항기의 약 50%를 차지하는 것이 이 타입이다.

대부분의 아이들은 초등학교, 중학교 다닐 때까지는 틈만 나면 부모에게 다가와 수다를 떨고는 한다. 학교에서 발생한 일, 친구 이야기, 좋아하는 만화에 대한 감상 등, 부모에게 '이야기하고 싶은 일'들이 매일 넘쳐난다.

하지만 사춘기를 경계로 말수가 부쩍 줄어든다. 부모와의 커뮤니케이션을 피하고 혼자만의 공간에 틀어박혀 있으려 한다.

POINT 은둔형 아이를 추궁하거나 간섭하면 안 된다

그렇다면 사춘기 아이가 '은둔형'의 특징을 보일 때 부모는 어떻게 대응해야 할까?

그 힌트는 〈은혜 갚은 학〉이라는 설화에 있다. 이 설화는 학이 여성의 모습으로 변신을 한 뒤 "절대로 방 안을 들여다봐서는 안 된다."라고 말하고 혼자 방에 들어가 깃털을 뽑아 옷감을 짜는 이야기다. 혼자 아름다운 직물을 짜는 학의 모습은 '자기'라는 존재를 새롭게 만들어내기 위해 노력하는 사춘기 아이의 모습과 비슷하다.

이때 부모가 해서 안 되는 것은 '추궁'이다. 대답하지 않는다고 질문 공세를 펴는 행동은 절대로 하지 말자. 소지품인 스마트폰을 점검하거나 아이의 방에 함부로 들어가서도 안 된다. 사춘기 아이는 '자기 세계를 침범당했다'고 느끼면 마음의 문을 완전히 닫아버린다. 따라서 추궁을 하거나 사생활을 침범하는 행동은 절대로 하지 말고 조용히 지켜보는 태도를 유지할 수 있도록 노력해야 한다.

사춘기 아이의 반항 타입 ❷
: 투쟁형

　사소한 문제에도 즉시 반항적인 태도를 보이는 아이들이 있다. 이런 타입의 아이는 대개 "엄마(아빠) 생각을 강요하지 마!" 하고 감정적으로 반발한다. 부모가 말을 하고 있는 도중에도 "아, 됐다고!"라고 고함을 지르고 문을 거칠게 닫아버린다. 감정적으로 물건을 집어던지는 경우도 있다. 심한 경우에는 부모에게 폭언과 욕설을 하는 식으로 반발심을 드러낸다.

　'투쟁형'은 가장 이해하기 쉬운 반항 패턴이다. 평소에는 '은둔형'인데도 화가 나면 '투쟁형'으로 바뀌는 등, 양쪽 모두에 해당하는 아이도 적지 않다.

그러나 그런 아이들은 마음속으로 '나도 어떻게 해야 좋을지 모르겠어. 뭐라고 말해야 좋을지 모르겠다고.'라고 외쳐대는 것이다. 초조한 감정을 사방으로 뿜어내고 있는 것이다.

POINT · 같이 싸우려 하지 않는다

'투쟁형' 아이를 상대하는 비결은 '싸움에 참가하지 않는 것'이다. 아이의 거친 말에 화가 나서 고함을 지르거나 한 걸음도 물러나지 않고 싸운다면 어떻게 될까? 부모가 이런 태도를 보이면 아이도 물러설 수 없게 되고, 그 결과 부모와 아이 사이의 싸움은 더욱 열기를 띤다.

그런 결과를 내지 않으려면 싸움이 본격화되기 전에 부모 쪽이 '한 걸음 물러나야' 한다. 그 자리를 일단 벗어나는 식으로 시간과 거리를 두면 격한 감정을 가라앉힐 수 있다.

'공격적인 반항'은 아이가 가진 '에너지의 크기'를 나타내기도 한다. 사춘기를 잘 넘기면 자기가 가진 에너지를 잘 살려 목표를 향해서 돌진하고, 역동적인 인생을 살게 될 것이다.

사춘기 아이의 반항 타입 ❸
:반항기가 없는 착한 아이형

"우리 아이는 반항기도 없이 착하기만 한데 괜찮을까요? 어디 문제가 있는 건 아니죠?"

사춘기 아이를 둔 부모를 상담하다 보면 뜻밖에도 이런 고민을 하는 부모들을 많이 만난다.

이런 타입은 부모와의 대화나 관계가 아동기부터 줄곧 변하지 않고 순수함을 유지하면서 사춘기다운 공격성도 보이지 않는다. 부모로서는 편하고 기쁜 반면에 괜한 불안감을 느끼기도 한다.

"이대로 괜찮은 것일까?"

"나중에 문제가 생기는 것은 아닐까?"

고등학교나 대학교에 들어간 이후, 또는 25~30세에 뒤늦게 반항기가 시작되는 아이도 있는데, '계속 반항기가 없는' 아이도 있다. 부모의 눈으로 볼 때 특별히 걱정이 없다면 반항기가 없어도 기본적으로는 문제가 없다.

POINT 반항심을 수면 아래에 눌러두고 있을 가능성도 있다

단, 그중에는 부모와 아이의 관계를 다시 한번 되짚어봐야 하는 경우도 있다. 예를 들어 부모로부터 지나치게 '착한 아이'를 요구당했던 아이가 부모에게 본심을 드러내지 않은 채 10대를 보내는 경우도 있다.

"우리는 그런 식으로 엄하게 아이를 키우지 않습니다."

이렇게 말하면서도 사실은 상당히 지배적인 육아를 하고 있는 부모도 실제로 많이 봤다.

외부에서 보면 착하고 순해 보인다. 하지만 사실은 아이가 자신의 감정을 드러내기보다 부모의 기분을 더 살펴서 분노를 억누르고 있는 것이다. 이런 아이는 어른이 된 이후에 크게 반발하는 시기가 찾아올지도 모른다. '자기'가 없는 우등생에게는 뒤늦게 고통이 찾아온다.

반항이라는 것은 '부모에게 하고 싶은 말을 할 수 있다'는 증거이기도 하다. 부모로서 아이가 하고 싶은 말을 편하게 할 수 있게 하는지 다시 한번 되짚어보자.

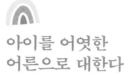

아이를 어엿한
어른으로 대한다

부모가 질문을 던져도 자녀가 "몰라." 하는 식으로 커뮤니케이션을 거부하는 경우가 있다. "시끄러워!" 하고 고함을 지르며 반발하기도 한다. 반항기 아이의 특징은 유치해서 어른으로서의 행동이라고 할 수 없다.

그렇다고 해서 아이와 신경전을 벌이거나 싸움을 하거나 무리하게 일방적인 말을 쏟아내 봐야 부모와 아이의 갈등의 고랑만 더욱 깊어질 뿐이다.

반항기를 일찍 끝내기 위한 효과적인 대책 중 하나는 아이를 어른 취급하는 것이다. 한 명의 인간으로서 부모로부터 존중을 받고 '어른 취급'을 받게 되면 아이는 자신의 행동에 책임을 질 수 있는 어른으로 성장할 수 있다.

"오늘은 학교에서 무슨 일이 있었니?"

"몰라."

"시험은 어땠어?"

"아직 결과가 안 나왔어."

"채점은 했을 거 아냐."

"시끄러워! 가만히 좀 내버려둬!"

이렇게 해서 순식간에 싸움으로 발전한다. 부모 입장에서는 평범한 대화를 나눈 것이지만 아이 입장은 다르다.

"나는 신뢰받지 못하기 때문에 이런 추궁을 당하는 거야."

"엄마(아빠)는 공부만 중요하게 생각해. 짜증 나."

이런 느낌을 더 먼저 받는 것이다.

말을 걸 때에는 이웃 사람이나 회사의 옆자리 동료와 잡담을 하는 정도의 가벼운 기분으로 시작한다.

"이 튀김 맛있네."

"오늘 이런 일이 있었어."

이런 식으로 자신과 관련된 이야기를 먼저 꺼내면 아이는 본인이 흥미가 있는 일에는 관심을 보이고 흥미가 없는 일은 모르는 척 넘긴다.

설사 흥미를 보이지 않고 모르는 척 넘기더라도 초조해하지 말고 "바쁘구나."라고 하며 가볍게 물러나면 된다.

아이 스스로
자신감을 갖도록
믿고 지켜본다

'사춘기는 어려운 시기니까 아이 이야기를 자주 들어주자.'

"뭐든 고민이 있으면 말해봐. 도움이 되는 조언을 해줄게."

아이에 대한 애정과 걱정하는 마음에서 이렇게 생각하고 말하는 부모가 많을 것이다.

하지만 이런 식으로 부모가 앞장서서 관계를 형성하려고 하면 대부분의 아이는 심하게 반발한다. 조용히 받아들이는 아이도 있지만 "듣기 싫어!"라고 고함을 지르며 반항하는 아이도 있다. 아이 입장에서 보면 성가신 간섭으로 느껴지기 때문이다. 사춘기 아이의 고민은 지금 자신이 가장 숨기고 싶은 나약한 부분과 관련된 내용이다. 지금 아이는 그런 자신의 나약함을 <u>스스로</u> 이겨내기 위해 힘겹게 싸우고 있는 중이다.

사춘기는 자기 긍정감을 키우는 중요한 시기다. 부모가 아이를 계속 '어린아이 취급'을 하면 아이는 아무리 시간이 흘러도 자신을 믿지 못할 것이다. 본인에게 자신감을 가지지 못하면 건전한 자기 긍정감도 육성되지 않는다.

따라서 아이가 사춘기로 접어들면 '아이라서 무리'라고 일방적으로 결정하는 행동은 하지 말자. 아이는 다양한 경험과 도전을 통하여 자신의 긍정적인 부분과 부정적인 면을 발견해나갈 것이다.

"왜 못하는데?"라는 부정적인 말을 하지 말자.

반대로 "너는 할 수 있어.", "실패하면 어때?"라고 아이에 대한 신뢰를 토대로 긍정적인 말을 해주도록 하자.

무슨 일이건
부모가 다
결정해줄 수는 없다

원만하게 잘 지내던 부모와 아이의 관계가 사춘기를 경계로 갑자기 어긋나는 경우가 있다. 이해하기 쉬운 예가 부모가 아이를 '과보호'하고 있는 경우다.

부모가 무슨 일이건 '해준다'는 생각으로 아이의 일에 매사에 참견과 간섭을 한다면 어떻게 될까? 아이의 의견을 무시하고 부모가 생각한 안전한 길로 유도하려 하는 경우다. 자립심이 싹트기 시작한 아이에게 있어서 이러한 부모의 지나친 보호와 간섭은 오히려 귀찮고 성가실 뿐이다.

사춘기는 아이가 부모로부터 벗어나 자립해서 어엿한 인간이 되어가는 중요한 시기다. 그런데 계속 부모가 중요한 사고나 판단을 대신해준다면 아이가 성장할 수 있는 싹이 꺾여버린다. 아이가 "내가 할게.", "내버려둬."라고 말한다면 가능한 한 아이의 자주성을 존중해주자.

아무리 화를 내도
전달되는 것은 없다

"숙제해!"

"내일 학교 갈 준비는 다 해놓은 거야?"

아이가 초등학생이었을 때 이런 식으로 말을 걸면서 엉덩이를 토닥인 부모도 있을 것이다. 그러나 이런 행동이 통하는 것은 기껏해야 아홉 살 정도까지다. 사춘기로 접어들면 부모로부터 이런 저런 사소한 명령을 받을 경우, 아이는 심하게 반발한다. 그런 징조가 보인다면 즉시 대응 방식을 바꾸어야 한다.

사춘기 아이는 '절반은 어른이고 절반은 아이'다. 명령을 하는 듯한 말투나 일방적인 부정은 반항심을 부추길 뿐이다. "숙제해!"

가 아니라 "숙제 다 끝났어?"라고 가벼운 표현으로 바꾸는 것만
으로도 아이의 반응은 확연히 달라진다.

"숙제를 왜 안 했는데? 시간이 그렇게 많았는데 도대체 지금까
지 뭘 한 거야? 늘 이런 식이라니까. 같은 말을 도대체 몇 번이나
해야 되니?"

숙제를 하지 않는 아이를 보다 못해 이런 식으로 화를 낸 적은
없는가? 유감스럽지만 이런 분노는 아이의 마음에 전달되지 않
는다. "알았어! 지금 할게."라고 순순히 숙제를 하는 아이는 없다.
화를 내고, 고함을 지른다.

그동안 자녀에게 이렇게 일방적인 모습을 보였던 부모라면 이
제는 이런 방식에서 졸업해야 한다.

[POINT] '화를 낸다'에서 '전달한다'로

사춘기 아이를 대할 때의 키워드는 '존중'이다. 부모는 가능하
면 아이의 의견에 귀를 기울이고 받아들여야 한다. 예를 들어 숙
제를 하지 않는 경우에는 어떤 상황이면 숙제를 하고 싶은 마음
이 생길지 아이와 함께 머리를 맞대고 지혜를 짜내야 한다.

물론 처음부터 잘될 리는 없다. 아이의 입에서 현실적이지 않은 아이디어가 나올 수도 있다. 그래도 처음부터 무조건 부정하는 모습을 보이면 안 된다. 모든 의견을 수용하면서 함께 해결책을 생각해보아야 한다.

만약 아이가 알았으면 좋겠다는 내용이 있으면 "○○일 때에는 △△야."라고 사실을 간결하게 '전달하는' 것이 효과적이다. 자신이 부모에게 존중받고 있다는 것을 실감하게 되면 아이의 자립심은 착실하게 높아진다.

체벌이나 고함은
부모가 미숙하다는 증거다

사춘기 아이의 말은 어른과 달라서 아직 성숙하지 못하다. 상대방의 아픈 부분을 사정없이 찔러대는 잔혹함도 있다. 그런 건방진 언행에 화가 나서 자기도 모르게 손을 대는 부모도 있다.

과거 아이에 대한 체벌이 '사랑의 매'라고 표현된 시대도 있었다. 그러나 체벌은 아무리 좋은 말로 표현해도 결국은 폭력이다. 폭력을 행사해야만 전달되는 것은 이 세상에 단 하나도 없다. 마찬가지로 얻어맞아야만 알아듣는 것도 이 세상에는 단 하나도 없다.

우선 이 사실을 확실하게 인식한 뒤 훈육에 들어가야 한다.

"너무 억지를 부려서 참다못해 매를 때렸다."

"반항적인 태도가 너무 거슬려 나도 모르게 손을 댔다."

아이에게 폭력을 휘두르는 부모는 이런 식으로 그 이유를 정당화한다. 하지만 이유가 무엇이든 폭력은 자신의 분노나 초조함을 컨트롤하지 못한 결과다. 상대가 자기보다 약하다는 사실을 알고 힘으로 제압하려는 것에 지나지 않는다.

아이는 부모에게 얻어맞으면 부모를 더욱 믿지 않게 된다. 폭력 그 자체에 익숙해져서 대부분의 경우 학교에서 다른 아이에게 폭력을 휘두르게 될 수도 있다. 폭력은 연쇄반응을 일으키는 것이다.

보다 현명하게 아이를 훈육하고 싶은 부모라면 93쪽과 95쪽에 있는 '냉정함을 되찾기 위한 스텝'을 반드시 실행하도록 하자. 부모 자신의 '감정 전환'이 필요하기 때문이다.

냉정함을 되찾기 위한 스텝 ❶
: 심호흡

지금부터는 사춘기 아이의 초조함이나 반항에 부모가 구체적으로 어떻게 대해야 좋을지 설명할 예정이다. 아이의 반항 패턴이 어떤 것이든 '한 걸음 물러나서 지켜본다'는 부모의 기본적인 자세는 바뀌지 않는다.

하지만 부모도 인간이다. 아이가 부모에게 심한 욕설을 하거나 상처되는 말을 할 경우 당연히 감정적으로 화가 날 수 있다. 따라서 그 마음을 무조건 억누르고 지켜보기만 하라는 말은 아니다.

중요한 것은 부모 자신이 '본인의 안전을 유지하는' 것이다. 그렇게 하기 위해서는 아이의 초조한 감정에 휘말리지 말고 본인의 감정을 전환시켜야 한다.

아이의 언행에 화가 나거나 초조해지면 코로 3초 동안 숨을 들이마시고 배에서부터 내뿜는 호흡을 해보자.

① 1, 2, 3이라고 천천히 수를 세면서 코로 숨을 들이마신다.
② 숨을 잠시 멈춘다.
③ 배에서부터 천천히, 가능하면 길게 숨을 내뱉으면서 10까지 센다.

①~③까지를 5회 반복한다. 화가 난 감정에 지배당하고 있던 뇌가 조금씩 냉정해질 것이다.

호흡에 집중해 있는 동안에는 함부로 말을 하지도 않게 된다. 잠시 틈을 둔다는 것은 매우 효과적이다. 그래도 화가 가라앉지 않을 때에는 다음 쪽을 참고하자.

냉정함을 되찾기 위한 스텝 ❷
:그 자리를 벗어난다

심호흡을 해도 전혀 화가 가라앉지 않을 때에는 그 자리에서 벗어나는 것이 좋다. 아이에게서 일단 벗어나 밖으로 나가는 것이다. 30분 정도 쇼핑을 하거나 음식점에서 좋아하는 음식을 먹거나 혼자 노래방에라도 가서 분노를 발산시키는 것도 좋은 방법이다. 싸움을 하는 사람들끼리 한 공간에 있으면 아무래도 초조함과 분노가 증폭될 수밖에 없다.

그 자리에서 일단 벗어나 냉정함을 되찾자. 집을 나갈 때에는 반드시 "볼일이 있어서 잠깐 나갔다 올게."라는 식으로 한마디 건네고 나간다.

기분 전환은 5분 만으로도 효과가 있다. 집에서 나가기 어려울 때에는 다른 방이나 화장실에 5분 정도 들어가 앉아 다음과 같은 시도를 해보는 것이 좋다.

- 스마트폰으로 재미있는 동영상을 본다.
- 종이에 현재의 기분을 낙서하듯 적어본다.
- 아로마오일이나 향수 등 좋아하는 향기를 맡는다.
- 불필요한 종이를 찢는다.
- 쿠션이나 이불을 주먹으로 친다.
- 코를 통해서 3초 동안 숨을 들이마신 뒤 배에서부터 길게 숨을 내뱉는 심호흡을 한다.

이런 식으로 일단 현장에서 벗어나 냉정함을 되찾은 뒤에 다시 아이에게 다가간다.

여기까지 읽고 "거리를 두는 것이 좋다면 아이를 내보내는 것은 어떨까?"라고 생각하는 사람이 있을지 모르겠다. 간혹 아이를 향해 "나가!"라고 소리를 지른 부모도 있을 수 있다.

그러나 이런 상황에서는 '부모가 피하는' 것이 어른의 역할이다. 아이가 자신의 의견으로 그 자리를 벗어난다면 문제가 없지만 어른이 "나가!"라고 명령을 하는 행동은 절대로 피해야 한다. 정말로 가출이라도 해버리면 되돌릴 수 없는 사태가 벌어진다.

초조하고 화가 난 상태에서는 '아이를 바꾸려' 해도 절대로 순조롭게 풀리지 않는다. 우선은 부모가 '자신을 안정시켜야' 한다.

부모는 훌륭한 성인을
연기하지 않아도 된다

육아의 출발 지점에 섰을 때 대부분의 부모는 "아이에게 좋은 모범이 되어야 해."라고 생각한다. 하지만 아이가 원하는 것은 '이상적인 부모'나 '완벽한 가족'이 아니다. 오히려 결점이 있는 부모와 완벽하지 않은 가정 쪽이 사춘기 아이에게는 구원이 되는 경우가 많다. 사춘기는 고민이 많은 시기이기 때문이다. 여러분이 사춘기 아이가 되었다고 상상해보자. 늘 웃는 얼굴에 나약한 말은 전혀 하지 않는 '훌륭한 부모'에게 자신의 고민을 상담하고 싶을까?

'완벽한 부모'에게는 좀처럼 자신의 고민을 털어놓기 힘들다.

오히려 자신의 나약함을 숨기지 않고 솔직하게 보여주는 부모 쪽이 훨씬 더 도움을 받기 편하다. 아이도 그런 부모에게 자신의 나약한 부분을 드러내기 쉽다.

"오늘 엄마가 회사에서 이런 실수를 했어."

"아빠는 어린 시절에 이렇게 큰 실패를 맛본 적이 있어."

이런 식으로 평소에 부모가 앞장서서 자신의 나약한 부분, 부끄러운 부분을 드러내도록 하자. 부부가 아이 앞에서 서로의 고민을 상담하는 모습을 보여주는 것도 좋은 태도다.

아이는 그런 부모의 모습을 보면서 "엄마(아빠)도 완벽한 건 아니구나.", "나약한 말은 해도 되는 거구나."라는 것을 서서히 배우게 된다.

아이가 사춘기가 되면 부모는 집에 있는 시간을 늘린다

대략 열 살 이전까지는 부모에게 인정을 받는 것이 아이에게 무엇보다 중요했다. 엄마에게 칭찬을 받았다, 아빠에게 인정을 받았다, 이것이 아이가 무엇인가를 시작하는 동기가 되었다.

하지만 아이가 열 살쯤 되면 사정이 바뀐다. 부모보다 친구 쪽이 더 중요해지고 괴롭힘이나 따돌림을 당하는 등 괴로운 경험도 하게 된다. 걱정이 되어 물어보아도 "괜찮아."라고 대답하지만 사실은 마음에 큰 상처를 입고 있는 아이도 적지 않다.

한편 열 살 정도면 더 이상 세세히 돌보아주지 않아도 괜찮다는 생각에 새롭게 일을 시작한다거나 외부 활동을 늘리는 부모도 있다. 그러나 사실 친구 관계에서 힘든 일들이 증가하는 이 시기에는 부모가 아이 옆에 있는 시간을 더더욱 늘려야 한다.

아이가 열 살 전후가 되면 부모는 다시 아이와 함께하는 시간을 의식적으로 만들어야 한다.

일하는 방식이 다양해지면서 원격 근무가 장려되고 있다. 재택 근무가 가능해지면서 부모와 아이가 함께 있는 시간을 늘린 가정도 있을 것이다. 부모가 집에 있어주는 것은 아이에게 크나큰 안도감으로 작용한다.

한편 일 때문에 어쩔 수 없이 귀가가 늦어지는 가정도 있다. 그런 경우, 아이의 거주 장소를 만드는 데에 신경을 써야 한다. 친구와 함께 공부를 하는 장소를 찾아주거나 근처에 사는 친구와 함께 시간을 보내게 하는 등 방법은 많이 있다. 오히려 이런 식으로 다른 사람들과의 관계가 부모와 함께 있는 것 이상으로 충실한 시간이 되는 경우도 있다.

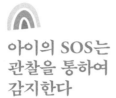

아이의 SOS는
관찰을 통하여
감지한다

사춘기 아이는 자신의 마음을 이야기하는 것을 싫어한다. 단, 아이의 행동 변화를 통해서 SOS를 감지할 수는 있다.

- 표정이 어두워졌다.
- 갑자기 말수가 줄어들었다.
- 잠을 잘 못 잔다.

이런 변화가 느껴졌을 때에는 아이와 조용히 이야기를 나눌 수 있는 시간을 만들어보자. 이때 무리하게 질문을 던지면 역효과가 일어난다. 질문 공세를 하는 것이 아니라 아이가 스스로 이야기를 할 수 있는 편안한 분위기를 만드는 것이 포인트다. 외부의 카페나 레스토랑에 함께 가는 것도 괜찮은 방법이다.

사춘기 아이의
학교생활과 공부

아이가 학교에
가고 싶지 않다고 할 때

"오늘은 학교에 가고 싶지 않아."

어느 날, 아이가 진지한 표정으로 이렇게 말한다면 아마 대부분의 부모는 충격을 받고 당황하지 않을까?

이런 상황에서는 절대로 아이를 꾸짖지 말아야 한다. 학교에 가고 싶지 않은 이유는 사실 아이 자신도 잘 모르는 경우가 많다. 이유는 모르겠는데 그냥 학교에 가고 싶지 않은 자신에게 당황하여 곤란해하고 있을 수 있다.

이럴 때 부모가 "왜 가기 싫은데?"라고 물어보아도 아이는 제대로 대답을 할 수 없다. 자기도 모른다고 말할 수밖에 없기 때문이다. 그러니까 끈질기게 이유를 물어보는 태도는 삼가도록 하고 하루 정도 학교에 가는 것을 쉬게 하면서 아이의 상황을 살펴보도록 한다.

특수한 경우 일주일에 한 번 정도 쉬게 하면서 살펴보는 게 중요하지만 이틀 연속으로 쉬는 것이 당연시되는 경우에는 신경을 써야 한다. 이때는 "쉬는 건 일주일에 한 번이야."라고 다짐을 해두자. 등교 거부가 일주일에 3일이 되고 4일이 되면 몸이 학교에 가지 않는 데에 익숙해져버린다.

학교에 가지 않는 날이 일주일에 이틀을 넘을 때에는 가족의 능력만으로는 대응하기 어려워진다. 학교 선생님이나 카운슬러에게 상담을 받아야 한다. 단, 이때 아이에게 반드시 허락을 받아야 한다.

아침에
일어날 수 없는
이유가 있다

일찍 일어나기가 힘들다. 하루 종일 졸려서 견딜 수가 없다. 이런 이유로 학교에 가기 싫어하는 아이가 있다. 원래 몸이 약한 것도 아니고 무리한 스케줄이 있는 것도 아닌데 아침에 일찍 일어나지 못하는 것은 뇌의 호르몬 때문인지도 모른다.

10대 아이는 뇌의 호르몬에 따라 체내 시계가 두 시간 정도 어른과 어긋나는 경우가 있다. 펜실베이니아대학 의과대학 신경학과 교수인 프랜시스 젠슨Frances E. Jensen 박사는 인간의 뇌 발달에 관한 그의 저서 《10대의 뇌》에서 10대 아이의 뇌에서는 수면을 유도하는 호르몬인 멜라토닌이 성인보다 두 시간 늦게 방출된다고 했다.

다시 말하자면, 10대 아이의 뇌는 '야간형'이다. 일반적으로 성인이 잠이 드는 9～10시는 아이의 입장에서는 전혀 졸리지 않은 시간대이고, 아침 7시는 '아직 졸린' 시간대라는 수면 사이클이 뇌에 의해 형성되어 있다.

아이의 뇌는 야간형이기 때문에 사실 그 뇌에 맞춘다면 중학생이나 고등학생은 10시 30분 정도에 등교하게 하는 것이 딱 좋다. 그것이 10대 아이의 뇌 입장에서는 '자연스러운' 것이다.

그러나 현실적으로 학교에서는 아침형으로 시간이 짜여 있다. 학교의 아침형 시간대에 맞추어 매일 무리를 하기 때문에 10대 아이들 대부분은 평소에도 조금씩 뇌에 피로가 축적된다.

눈부시게 성장하는 사춘기의 몸과 마음에 충분한 수면은 빼놓을 수 없는 중요한 조건이기 때문에 부모나 보호자는 10대 특유의 수면 패턴을 이해하고 수면의 질을 높일 수 있도록 지원을 해야 한다.

가장 효과적인 것은 TV나 스마트폰, 태블릿 등을 이용하는 시간이나 방법을 개선해야 한다는 것이다. 스마트폰 화면을 두 시간 들여다보면 멜라토닌(수면 호르몬)이 20% 줄어든다고 한다. 따라서 잠들기 한 시간 전에는 스마트폰이나 태블릿 등을 사용하지 않는다는 규칙을 가족이 설정하는 것도 좋다.

마찬가지 이유에서 숙제를 뒤로 미루었다가 밤늦게 하는 습관도 피해야 한다. 숙제를 미리 해두고 일찍 잠자리에 드는 습관이 정착되면 심신이 안정되어 잠들기 쉽다.

부모가 알아채기
어려운 학교에서의
괴롭힘

앞에서 거의 모든 사춘기 아이는 '괴롭힘에 가담한 적'이 있거나 '괴롭힘을 당한 적'이 있다고 설명했다.

"우리 아이는 성격이 덜렁대기는 하지만 괴롭힘을 당할 만한 아이는 아니야."

"어린 시절부터 착한 아이였기 때문에 친구를 괴롭히는 일에는 절대로 가담하지 않을 거야."

그렇게 생각하는 사람은 부모뿐인지도 모른다.

사춘기는 '자기를 만드는' 시기다. 사춘기 아이는 자신의 사적인 영역을 매우 중요하게 생각한다. 자립심이나 자존심도 있기 때문에 부모에게는 이야기하고 싶지 않은 문제나 이야기할 수 없는 비밀도 늘어난다. 실제로 아이가 학교에서 괴롭힘에 가담하거나 당하고 있다고 해도 부모가 전혀 모르는 경우는 흔히 있다.

일주일에 한 번 이상 아이가 "학교 가기 싫다."라고 말하는 경우에는 뭔가 이유가 있을 수 있다. 우선 '무슨 말이든 편하게 할 수 있는' 상황을 만들어야 한다. 포인트는 '부모가 자신의 이야기를 먼저 하는 것'이다.

"엄마도 학교에 가고 싶지 않을 때가 있었어. 학교에 마음에 들지 않는 친구가 있었거든."

이렇게 말하면 아이는 '아, 이런 문제도 편하게 이야기할 수 있는 거구나.'라고 생각하게 된다.

괴롭힘은 학교의 인간관계 안에서 발생하는 문제다. 아이 자신이 괴롭힘을 당하고 있는 것인지 판단을 하지 못하는 경우도 있다. 그럴 때는 부모가 인간관계 때문에 고민했던 이야기를 꺼냄으로써, "우리 교실에도 마음에 들지 않는 친구가 있어."라고 아이 스스로 이야기를 꺼내게 한다.

아이가
괴롭힘을 당하는
사실을 알게 된 경우

아이가 학교에서 괴롭힘을 당하고 있다는 사실을 밝힌다면 어떻게 해야 좋을까? 부모 입장에서는 우선 "네가 힘들었겠다.", "용기 있게 이야기해주어서 고마워."라고 위로와 칭찬을 해준다.

"나 지금 괴롭힘을 당하고 있어."라고 고백하려면 상당한 용기가 필요하다. 그 사실을 밝히기 전까지 힘든 상황을 참아내며 많은 고민을 했을 것이다. 그렇기 때문에 그 용기를 우선 칭찬해주고 위로해주어야 한다.

다음으로 전하고 싶은 것은 '무슨 일이 있어도 엄마(아빠)는 네 편이다.'라는 메시지다.

"엄마, 아빠는 무슨 일이 있어도 네 편이야."

"너를 지키기 위해서라면 무슨 일이든 할 수 있어."

이렇게 아이의 눈을 보면서 선언하자. 용기를 칭찬하고 마음에 다가가는 것, 이것이 출발점이다.

그리고 "도저히 못 참겠으면 도망가도 돼."라고 말해줄 수도 있어야 한다. 사회에 진출하면 스스로는 도저히 해결할 수 없는 일, 다른 사람과 상담을 해도 해결할 수 없는 일을 만날 수 있다. 회사에서 괴롭힘을 당한다, 좋은 사람이라고 생각해서 결혼했는데 폭력을 당한다. 그럴 때 "나만 참으면…." 하고 참게 되면 몸과 마음 모두 망가진다. 문제가 생겼을 때 '도망치는 능력(도망쳐서 자신을 지키는 능력)'을 갖추어두는 것은 매우 중요하다.

도저히 견딜 수 없을 정도라면 '학교를 그만두어도 된다', '전학을 해도 된다'는 선택지가 있다는 것을 알려준다.

사춘기 아이의 괴롭힘은 발견하기도, 해결하기도 어렵다. 아이와 대화를 나눌 수 있다면 담임선생님이나 상담 교사와 함께 해결할 수 있는 방법 또한 모색한다.

아이의
마음을 닫는
부모의 말투

"네게도 문제가 있는 것 아니니?"

이렇게 괴롭힘을 당하는 아이를 꾸짖는 부모도 있다. 이건 절대로 해서는 안 되는 말이다. 설사 아이에게 뭔가 나쁜 점, 결점이 있다고 해도 그것이 괴롭힘의 이유가 될 수는 없다. 사람은 누구나 나름대로 결점이 있기 때문이다.

"네가 강해지면 돼."

"그런 건 안 하면 좋잖아."

이런 말도 바람직하지 않다. 용기를 내어 SOS를 보냈는데 '스스로를 바꿔라'는 설교를 들으면 아이는 마음을 더 닫아버린다.

"찾아가서 가만두지 않을 거야!"라고 소란을 피우거나 눈물을 흘리는 부모의 모습을 보여주는 것도 바람직하지 않다. 부모는 어른이다. 아이 앞에서 듬직하고 여유 있는 모습을 보여주어야 한다는 사실을 잊지 말자.

학교 측과 협력해서
괴롭힘 문제를 해결한다

아이가 괴롭힘을 당하고 있다는 사실을 알았을 때 부모는 어떻게 행동해야 할까? 괴롭힘은 자칫 잘못 대응하면 문제가 더 악화될 수 있는 예민한 문제다. 어떤 수순으로 학교 측과 함께 대처해야 좋은지 알아보자.

담임선생님에게 도움을 요청한다

우선 아이가 괴롭힘이라는 피해를 당하고 있다는 사실을 담임선생님에게 가능하면 냉정하게 전달한다. 이때 중요한 것은 "대체 어떻게 하실 거예요?"라는 식으로 감정적으로 선생님을 원망

하는 태도다. 일방적으로 강한 항의를 받으면 사람들은 대부분 자기방어에 들어간다.

따라서 첫 단계에서는 "우리 아이가 괴롭힘을 당하고 있는 것 같은데 살펴봐 주시겠습니까?"라고 조심스럽게 이야기를 꺼낸다. 그렇게 하면 담임선생님은 보호자에게 들은 정보를 바탕으로 사실 확인을 할 것이다.

학생주임에게 도움을 요청한다

매번 즉시 움직여주는 담임선생님만 있는 것은 아니다. 담임선생님이 아이들의 이야기를 한 차례 들어보는 것만으로 "특별히 문제는 없는 것 같습니다." 하며 만족스러운 대처를 해주지 않는 경우도 자주 있다.

담임선생님과의 연계만으로 사태가 해결되지 않는 경우에는 학생주임에게 연락을 해보자. 괴롭힘의 해결책에 관하여 나름대로 식견을 가지고 있고 경험도 있는 선생님이 학교에 한 명 이상은 있을 것이다.

그래도 안 된다면 교장 선생님에게

이런 수순을 밟아도 사태가 바뀌지 않는 경우에는 교장 선생님에게 도움을 요청하자. 교장 선생님은 학교의 마지막 보루다. 여기에서 해결할 수 없으면 필연적으로 교육위원회까지 문제가 올라간다. 그 사태를 피하기 위해서라도 학교 전체가 해결을 위해 진지하게 대응해줄 것이다.

보호자가 학교의 대응에 실망해서 "이제 학교는 믿을 수 없어."라고 학교와의 연계를 스스로 끊어버리는 경우도 적지 않다. 자신의 아이가 괴롭힘을 당하고 있는데 아무리 시간이 흘러도 상황이 바뀌지 않고, 그런 괴로운 상황이 계속 이어지면 부모로서 포기하고 싶은 마음도 들 수 있다.

그러나 이것은 결코 좋은 해결책이 아니다. 왜냐하면 아이가 괴롭힘을 당하고 있는 것과 관련하여 학교에 상담한 결과, 그 70~80%가 잘 해결되었다는 조사 결과도 있기 때문이다.

대부분의 괴롭힘은 학교 안에서 발생한다. 그렇기 때문에 그 장소의 책임자인 담임선생님이나 학생주임 등과 연계를 하지 않고는 해결하기 어렵다.

부모도
카운슬링을 받아
마음을 안정시킨다

아이가 괴롭힘을 당하고 있다는 사실을 알고 태연할 수 있는 부모는 없다. 부모 역시 분노와 슬픔을 억제하기 어려운 상황에 빠지지 않을까?

그럴 때에는 어른끼리 고통을 나누어보자.

"우리 아이가 왜 이런 일을 당하게 되었지?"

"그러게 말이야."

이렇게 부부가 고통을 함께 나누는 것만으로도 마음의 짐은 어느 정도 가벼워진다.

그런 뒤 담임선생님이나 상담 교사와 의논을 한다. 자치단체의 교육센터 등 공적인 기관에서 카운슬링을 받아보는 것도 나쁘지 않다. 부모가 고통을 끌어안은 채 여유가 없는 모습을 보이면 아이는 더욱 우울해진다. 부모 자신이 먼저 마음의 안정을 찾은 뒤에 문제를 해결하기 위한 시도를 해야 한다.

아이가
괴롭힘을 가한
사실을 알게 된 경우

"설마 우리 아이가 괴롭힘을 가한 쪽이라고?"

아이가 괴롭힘 가해자라는 사실을 알게 되었을 때 부모는 큰 충격을 받는다. 책임감이 강한 부모일수록 "내가 아이를 잘못 키웠나?"라는 생각에 화를 억누르기 어려울 것이다.

괴롭힘은 사람의 일생을 크게 바꾸어놓는 범죄다. 하지만 가해자인 아이를 감정적으로 몰아세우는 것은 근본적인 해결 방법이 아니다.

우선 현실을 직시하는 것부터 시작하자. 대부분의 괴롭힘은 여러 명의 아이들이 한 명의 아이를 몰아세우는 구조로 이루어진다. "우리 아이만이 아냐."라고 책임에서 벗어나려 하거나 사실을 확인하지 않은 채 "다른 아이들 때문에 어쩔 수 없이 휘말린 거야.", "그 아이가 혼자 괴롭힘을 당했다고 오해하고 있는 것이 아닐까?"라는 식으로 추측을 하는 것도 문제 해결에는 도움이 되지 않는다. 자신의 아이가 가해자 중 한 명으로서 나쁜 행동을 했다는 사실을 인정해야 한다.

또 하나 중요한 것은 '행위의 비열함'과 '가해를 한 아이의 마음'을 구별하는 것이다. 괴롭힘은 절대로 용서할 수 없는 행위다. 폭력이나 폭언을 사용해서 집요하게 상대방을 괴롭힌다는 것은 상대방의 존엄을 빼앗는 것과 같다. "네가 한 짓은 절대로 용서받을 수 없어."라고 냉정하게 말해준 뒤에 왜 그런 짓을 한 것인지 함께 생각해본다.

그런 다음 상대 아이의 집을 찾아가 아이와 함께 사과를 한다. 자녀의 비열함을 인정한다는 것은 부모 입장에서는 고통스러운 일이다. 그러나 진심으로 사과하는 부모의 의연한 모습은 아이의 마음에도 강하게 각인될 것이다.

여자아이가
휘말리기 쉬운
사춘기의 전쟁터

 사춘기의 입구에 해당하는 초등학교 3~4학년 정도부터 여자아이는 동성 친구와의 관계가 특히 강해진다. 2~4명 정도의 친한 그룹을 만들게 되는 것도 이 시기부터다. 부모에게는 비밀인 이야기를 나누거나 친구와 함께 멋을 부리는 일, 함께 외출을 하는 일이 가장 즐거운 아이도 많다.

 그러나 여자아이에게 있어서 친한 친구들과의 그룹은 항상 안심할 수 있는 장소는 아니다. 본인의 의도와는 무관하게 휘말리기 쉬운 전쟁터로 돌변할 수도 있다. 분명하게 자신의 의견을 말하는 친구들에게 위축당하여 진심을 말할 수 없거나 싸움에 휘말려 "너는 어느 쪽 편이야?"라는 추궁을 받기도 한다. 또 약간의 튀는 언행 때문에 SNS 그룹에서 따돌림을 당하는 등 강한 동조 압력 때문에 힘들어하기도 한다.

남자아이가
휘말리기 쉬운
사춘기의 전쟁터

열 살 이후 마음이 불안정해지는 것은 남자아이도 마찬가지다. 사춘기가 되면 남자아이의 몸 안에서는 남성호르몬의 일종인 테스토스테론의 분비가 급격하게 증가한다. 테스토스테론은 체모를 짙게 하거나 목소리를 변화시키는 작용 외에 공격성을 높이는 작용도 한다. 친구와의 경쟁에 심취하거나 태도나 언어 사용이 거칠어지는 데에도 이런 성호르몬의 영향이 있을 것이다.

남자아이의 경우도 그룹은 형성되지만 여자아이 정도로 강한 동조압력은 별로 없다. 단, "그러고도 남자냐?"라는 말을 들을 때의 압박감은 사춘기에 보다 강해진다. 어느 쪽이 위인가, 어느 쪽이 강한가 하는 잣대로 자신이나 타인을 측정하고, 뒤떨어진 아이는 배제당한다. 이처럼 '남자다움'으로 구성된 집단에서 할 말을 하지 못하고 고통을 받고 있는 남자아이는 유감스럽게도 꽤 많이 있다.

혼자가
꼭 나쁜 것만은
아니다

사춘기 아이에게 있어서 그룹에 소속된다는 것은 자신의 거주 장소를 얻는다는 데에서 큰 의미를 가진다. 여자아이 쪽이 그런 경향은 더 강하지만 남자아이도 역시 어딘가 그룹에 소속되는 것으로 안도감을 얻는다.

그렇다면 어떤 그룹에도 속하지 못하는 아이는 잘못된 것일까? 불완전한 상태로 사춘기를 보내는 것은 아닐까?

물론 그런 일은 없다. 그룹에 소속되는 대신 무리해서 대화를 맞춰주거나 웃고 싶지 않지만 웃어줘야 할 때가 있다. 또 보이지 않는 규칙에서 벗어나지 않도록 조심해야 할 수도 있다. 그런 나

날이 이어지면 마음은 점차 위축된다. 그것은 어른이든 아이든 마찬가지다.

혼자 있는 쪽이 더 충실한 시간을 보낼 수 있다면 무리해서 친구를 만들거나 그룹에 소속될 필요는 없다.

특히 좋아하는 게 분명하게 있는 아이에게 혼자 있는 시간은 좋아하는 것에 몰두할 수 있는, 그 무엇과도 바꿀 수 없는 시간이다. 상상력이나 창의적인 능력이 뛰어난 사람들 대부분은 유소년 기부터 '혼자 있는 시간'을 좋아했던 사람들이다.

학교 친구가 별로 없어서 집에서 외톨이로 보내는 시간이 많은 아이도 집중할 수 있는 대상이 있다면 크게 걱정할 필요는 없다. 이런 아이는 자립심이 확실하게 육성되어 있는 믿음직한 타입이라고 말할 수 있다. 중고생의 경우 어쩌면 학교에는 친구가 없어도 SNS를 통하여 마음이 맞는 친구를 이미 찾았을 수도 있다.

"우리 아이, 저렇게 혼자 지내도 괜찮을까?" 하고 불안해하기보다는 '무엇에 흥미를 가지고 있는지' 아이의 행동을 눈여겨보도록 하자.

공부를 하는 의미를
모르겠다는 아이

"공부하는 의미를 모르겠어."

"장래 무엇을 하고 싶은지 모르겠어."

"내게 어떤 일이 맞는지 모르겠어."

이런 것들도 역시 사춘기이기 때문에 발생하는 고민들이다. 아이에게 이런 질문을 받았을 때 대부분의 어른들은 "공부를 하면 장래에 선택지가 늘어나는 거야. 그러니까 열심히 공부해야 해." 라는 식으로 정론을 말할 것이다. 어떤 의미에서는 모범적인 대답이다. 하지만 이런 일반론은 사춘기 아이의 마음에는 거의 전달되지 않는다.

'모르겠다'라는 건 아이의 본심이다. 왜 공부를 하는 것인지 모르겠는데 하지 않으면 안 된다. 무엇이 적성에 맞는지 모르겠지만 진로를 선택해야 한다. 이 간극에 아이는 당황하고 있다.

공부를 하는 의미, 장래에 되고 싶은 것, 어떤 인생을 보내고 싶은가 등은 아이 본인이 시간을 들여 고민하면서 나름대로 해답을 발견하는 수밖에 없다. 만약 아이가 "공부하는 의미를 모르겠어."라는 고민을 털어놓는다면 어엿한 성인을 대하는 자세로 "나는 이렇게 생각하는데 너는 어떻게 생각하니?"라고 부모의 생각을 전해보자.

아이는 부모의 의견에 동의하거나 의문을 느끼면서 나름대로 스스로 생각을 해볼 것이다. 그 과정이 성장과 연결된다.

공부하라는 말이
아이의 의욕을
더 떨어뜨린다

초등학교 5학년이 되더니 아이가 숙제를 하지 않는다. 중학생이 되어 부서 활동을 시작하더니, 공부를 전혀 하지 않는다. 그런 아이에게 실망해서 부모는 자기도 모르게 "공부해!"라고 소리를 지르게 된다.

이런 고민을 끌어안고 있는 부모가 많이 있을 것이다. 그 기분은 충분히 이해한다. 중학교, 고등학교 시험을 앞둔 상황이라면 더욱 걱정이다. 하지만 계속 "공부해!"라고 고함을 지른다고 순순히 공부를 하는 아이가 있을까? 적어도 나는 한 명도 본 적이 없다.

"공부해!"라는 부모의 말은 아무런 의미가 없다. 도리어 아이의 공부 의욕을 빼앗는 마이너스 영향만 끼칠 뿐이다.

부모에게 공부하라는 말을 들을 때마다 아이는 "어차피 공부하지 않을 거라고 생각하는 거야.", "엄마(아빠)는 나를 믿지 않아."라고 받아들인다. 즉, 공부하라는 말의 이면에는 '너를 믿을 수 없다'는 부모의 메시지가 깔려 있는 것이다.

사람은 신뢰를 얻지 못하고 있다고 느끼는 순간, 의욕을 잃는다. "지금 하려고 했어."라고 말하는 아이에게 "무슨 말이야. 너는 왜 늘 그런 식이니!"라고 몰아붙인 적은 없을까?

이렇게 하면 공부에 대한 의욕은 더욱 떨어진다. 부모가 공부하라는 말을 반복할수록 아이의 의욕과 자기 긍정감은 삭감된다.

지속적인 신뢰와 기대의
메시지가 필요하다

공부에 대한 아이의 의욕을 이끌어내려면 어떻게 해야 할까? 아이에게 지속적으로 '신뢰와 기대의 메시지'를 보내야 한다. 아이가 게임에 빠져 있다면 "마음이 내키면 스스로 공부할 거지? 그렇게 해주면 엄마(아빠)도 기분 좋겠다."라고 자연스럽게 말을 해본다. 즉시 공부를 시작할 확률은 낮지만 적어도 '의욕을 빼앗는' 사태는 피할 수 있다.

이때 포인트는 두 가지다. 그 하나는 '같은 눈높이에 서서' 수평적으로 말을 건네는 것이다. 위에서 내려다보는 시선으로 강요하는 것이 아니라 옆에서 자연스럽게 말을 건네보자.

"나는 대등한 대우를 받고 있어. 나는 존중받고 있는 거야."

이렇게 아이가 실감할 수 있다면 부모의 말을 있는 그대로 받아들이게 될 것이다.

또 하나의 포인트는 "마음이 내키면 스스로 공부할 거지? 그렇게 해주면 엄마(아빠)도 기분 좋겠다."라고 부모가 자신을 주어로 삼아 말하는 것이다. 기대와 신뢰를 전제로 말을 건네면 자녀는 부모로부터 존중받고 있다는 것을 실감하게 된다. 그렇게 되어야 아이도 자연스럽게 부모의 기대와 신뢰에 응해준다. 이것은 부모와 아이의 관계뿐 아니라 모든 인간관계에 응용할 수 있는 아들러 심리학의 '용기를 주는' 접근 방법이다.

즉각적인 효과가 나타나는 방법은 아니다. 그러나 지속적으로 '용기를 주는' 말을 건네면 아이와의 신뢰 관계가 점차 구축되어 간다.

더 이상 무리해서 아이에게 '공부를 시킬' 필요는 없다. '공부를 한다'는 것은 아이 자신의 과제이지 부모의 과제가 아니다.

공부 의욕을
높여주는
숨겨진 기법

용기를 주는 말을 건네면서 아이가 스스로 공부하기를 기다려
도 전혀 공부를 하지 않는 경우에는 아무래도 아이의 장래가 불
안해질 수밖에 없다.

그럴 때에는 '비스듬한 관계인 사람'이 공부의 의욕을 높여주
도록 분위기를 만들어주어야 한다. 비스듬한 관계란 연상의 사촌
이나 친구, 선배, 과외 교사, 학원 선생님 등 아이의 입장에서 볼
때 '오빠', '누나'라고 부르고 싶은 관계를 가리킨다. '학원 선생
님', '과외 교사'가 대학생 오빠나 누나인 경우에 효과가 나타나는
것은 그 때문이다.

부모와 아이 같은 상하 관계가 아니라 '비스듬한 관계'가 사춘기 아이에게는 큰 의미가 있다.

"○○는 영어를 정말 잘하니까 다음 기말 시험은 이런 식으로 공부하면 틀림없이 좋은 성적이 나올 거야."

비스듬한 관계의 과외 교사나 학원 선생님이 확실하게 눈을 바라보고 이런 말을 해주면 "○○ 선생님이 이렇게 기대를 해준다면 나도 최선을 다해야지."라는 마음이 고양되어 공부에 보다 집중할 수 있을 것이다.

'비스듬한 관계인 사람'과의 관계 형성으로 인해 의욕이 높아지는 아이는 많이 있다. 이런 관계는 아이가 고민을 상담하기도 편하기 때문에 공부 이외의 상황에서도 큰 힘이 되어준다.

노력한 과정을
칭찬해준다

"공부는 본인 나름대로 열심히 하고 있는데 도무지 성적이 오르지 않아요."

"지난달부터 학원에 다니기 시작했는데 시험 점수가 전혀 나아지지 않았어요."

"매일 세 시간씩 꼬박꼬박 공부를 했는데 성적이 좋아지지 않아 고민이에요."

이런 고민도 자주 듣는다. 이 경우에는 우선 '결과'에서 의식을 전환해본다. 결과(성적)에 얽매이는 것이 아니라 '노력한 과정'에 주목하는 것이다.

"평소보다 과학 공부 시간을 늘려서 공부했구나. 네가 열심히 하고 있는 걸 잘 알고 있어."

"노력하는 모습을 보고 대단하다는 생각이 들었어."

이렇게 아이의 구체적인 행동에 주목하여 그것을 칭찬해준다. 노력을 인정받았다는 걸 실감하게 되면 아이의 의욕은 더 올라갈 것이다.

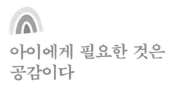

아이에게 필요한 것은
공감이다

노력이 반드시 결과로 직결되지 않는 것은 공부 이외의 상황에서도 마찬가지로 나타난다. 부서 활동의 시합에서 자신이 실수를 해서 팀이 패배했다든지, 발표회에서 실수를 해서 창피했다든지… 그런 상황에서 아이가 우울해하면 부모 입장에서는 "그럴 수 있는 거야. 괜찮아.", "그렇게 기죽지 않아도 돼."라고 격려해 주는 데에 신경 쓰기 쉽다.

하지만 격려를 해줄수록 아이는 자기만 슬픔 속에 남겨진 듯한 기분을 느낀다. 아이가 원하는 것은 격려가 아니다. '자신과 함께 우울한 기분을 공유할 수 있는' 사람의 존재다.

"오늘을 위해 그렇게 열심히 노력했는데 정말 분하겠다. 우울한 게 당연해."라고 함께 감정을 공유하자. 그런 사람이 곁에 있다는 것은 아이의 마음에 큰 에너지가 된다.

교육 열성과
교육 학대의 차이

'교육 학대'라는 말이 있다. 아이가 좋은 성적을 받았으면 좋겠다, 명문 학교에 진학해서 안정되고 행복한 인생을 보내면 좋겠다, 의사가 되면 좋겠다, ○○ 자격증을 따면 좋겠다. 이런 바람을 가지고 끊임없이 교육을 시켰지만 결국은 아이에게 정신적으로 학대한 것과 같은 결과를 낳았다면, 이것이 '교육 학대'다.

교육 학대가 무서운 것은 부모가 지금 본인이 하고 있는 행위가 학대라는 사실을 자각하기 어렵다는 점이다. 부모는 부모이기 때문에 아이를 위해 열심히 공부를 시키고 있다고 생각할 뿐이다. 즉, 부모 입장에서는 '바람직한 행동'을 하고 있다고 생각하는 것이다. 가정 안의 문제라서 지적을 해주는 제삼자도 없다. 그렇기 때문에 이런 학대 행위는 더욱 강화되기 쉽다. 어디까지가 '교육 열성'이고 어디부터가 '교육 학대'일까. 그 경계선은 매우 애매하다.

무의식중에 '교육 학대'를 하고 있는 부모에게는 크게 두 가지의 패턴이 있다. 하나는 부모 자신이 엘리트 과정을 밟은 패턴이다. "나처럼 내 아이도 최고의 명문 고등학교와 명문 대학을 가야 해."라는 식으로 부모가 옳다고 믿는 루트 이외에는 '논외'라고 무시해버리는 패턴이다.

또 하나는 부모가 학력 콤플렉스를 가지고 있는 경우다. "나처럼 못 배워서 고생하게 할 수는 없어.", "나는 영어를 할 줄 모르니까 우리 아이는 영어를 잘하게 교육시켜야 해."라는 식으로 자신의 콤플렉스를 아이가 채워주기를 바라는 패턴이다. 부모의 이기심이 아이의 인생을 지배하고, 고통스럽게 하는 것이니 이 또한 교육 학대다.

교육 학대일지도
모른다는 생각이 든다면

아이의 교육에 열심인 부모라면 어쩌면 자신이 옳다고 생각했던 방법이 교육 학대일지도 모른다는 불안을 느낄 수도 있다. 어떻게 해야 그 경계선을 넘지 않을 수 있을까? 교육 학대를 하지 않으려면 이른 단계에서 부모가 자신의 '위험성'을 깨달아야 한다.

아이의 마음을 궁지로 몰지 않으려면 다음 세 가지를 지키도록 하자. 마음에 걸리는 부분이 있다면 카운슬링을 받는 것도 좋다.

① 아이에게는 아이의 인생이 있다고 생각할 것

설사 본인의 아이라고 해도 아이와 부모는 다른 인격이다. 아이는 부모의 기대에 부응하기 위해 태어난 것이 아니다. 부모가 원하는 대로, 부모가 정해준 대로 걷다 보면 '본인의 생각'이 없는 어른이 되어버린다.

② 아이를 이겼다는 기분에 만족하지 말 것

아이가 부모의 말을 잘 따른다는 데에 우월감이나 쾌감을 느끼고 있지 않은가? 아이를 꾸짖어 말을 잘 듣게 할 때 마음속에 '이겼다'는 기분이 든다면 주의해야 한다. 아이를 굴복시켰을 때에 느끼는 우월감, 아이를 지배하고 있을 때에 느끼는 승리감이나 쾌감은 학대의 시작이다.

③ 부모 외에 SOS를 청할 상대가 아이에게 있는지 살필 것

완벽한 부모는 없다. 누구나 자기도 모르는 사이에 경계선을 넘어버릴 수 있다. 그렇게 되었을 때 중요한 것은 아이가 SOS를 보낼 수 있는 상대가 있는가 하는 것이다. 학교 선생님, 학원 선생님, 상담 교사, 삼촌이나 이모 등 아이가 나약한 마음을 털어놓고 도움을 청할 수 있는 어른이 주변에 있는가 하는 것은 매우 중요한 문제다.

지망 학교를 정하는 것은
아이 본인이어야 한다

    중학교, 고등학교 입시를 눈앞에 둔 나이가 되면 학교를 선택하기 위해 우선 아이와 함께 대화를 나누는 시간을 갖도록 하자. 학교를 선택할 때 무엇보다 중요한 것은 아이 본인이 원하는 학교를 선택하는 것이다.

    따라서 평소에 "어느 학교를 가고 싶은지 네가 잘 알아서 선택해야 한다."라고 말해두자. 그리고 아이와 함께 다양한 학교를 견학해본다. '내가 선택한다'는 의식으로 견학을 하면 아이도 보다 능동적으로 그 학교의 분위기를 살피고 목표를 정할 것이다.

    "이 학교에서 공부하면 좋을 것 같아."라는 긍정적인 이미지를 그릴 수 있게 되면 입시 공부에 의욕을 가질 수 있고 집중력도 높아질 것이다. 본인의 의지로 선택한 학교라면 합격한 후에도 공부를 열심히 할 수 있는 에너지원이 될 수 있다.

직접 학교를 선택하는 것은 입시에 떨어지는 경우라 할지라도 의미가 있다. 스스로 지망한 학교에 불합격되는 경우와 부모가 선택한 학교에 불합격된 경우는 같은 불합격이라도 후자 쪽이 훨씬 부정적인 기분을 느끼게 된다. 부모에 대한 원망이나 분노로 이어질 수도 있다. 따라서 진로를 선택할 때에는 무리해서 강요하면 안 된다.

입시에는 다양한 선택지가 있다. 부모가 즐거운 학창 시절을 보냈던 모교라고 해서 아이에게도 좋은 학교가 될 것이라는 보장은 전혀 없다.

교칙이 어느 정도 엄격하더라도 질서가 갖추어진 전통 있는 학교를 좋아하는 아이도 있고, 활기가 넘치고 자유로운 분위기를 자랑하는 학교를 좋아하는 아이도 있다. 사립과 공립, 여학교나 남학교, 남녀공학, 각각 다른 장점이 있다. 최고의 학교는 그 아이의 개성에 따라 바뀔 수 있다.

제1지망 학교에
합격하는 인생이
최고는 아니다

아이 자신이 원하는 학교를 선택하고 최선을 다했다. 하지만 결과적으로 불합격했다면? 이럴 때 부모가 절대로 해서는 안 되는 행동으로는 어떤 것이 있을까?

그것은 당사자인 아이 이상으로 억울해하거나 우울해하는 등 소란을 피우는 것이다. 부모가 우울해하는 모습을 보면 아이는 "나는 엄마(아빠)의 기대에 부응하지 못한 한심한 인간이야."라는 우울감과 좌절감을 느끼게 된다.

따라서 입시가 자신감 상실과 자기 긍정감 저하라는 결과만 낳을 수도 있다. 부모는 아이가 우울해할 때 곁에서 "열심히 노력했는데 억울하지? 하지만 괜찮아. 틀림없이 네게 가장 잘 어울리는 학교에 들어가게 될 거야."라고 가볍게 격려해주도록 하자.

제1지망 학교에 합격하지 못하는 아이는 많이 있다. 제1지망 학교에 들어가는 인생이 반드시 최고라고는 단정하기 어렵다. 제2지망 학교에 들어갔기 때문에 도리어 원하는 꿈을 이루고, 최고의 친구를 만나는 행운도 얻을 수 있다.

반대로 무리해서 제1지망 학교에 합격을 했지만 입학한 후에 공부를 따라가지 못해 열등감을 끌어안게 되는 경우도 있다.

합격한 학교가 아이의 능력을 신장시키는 데에 가장 좋은 학교인 경우는 실제로 자주 볼 수 있다. 원하는 대로 되지 않았다 하더라도 앞을 보고 나아가는 자세가 중요하다. 그런 과정을 통하여 아이는 '좌절에서 다시 일어서는 능력'을 배우는 것이다.

4장

사춘기 아이를 위해
반드시 알아두어야 할 성교육

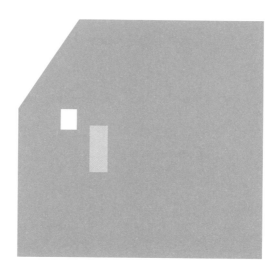

성에 대한 관심은
자연스러운 현상이다

　몸과 마음이 조금씩 어른으로 바뀌어가는 사춘기는 사랑과 성에 대한 관심도 자연스럽게 높아지는 시기다. "우리 반 ○○와 사귀기로 했어!"라고 부모에게 말하는 아이도 있고, '부모님과 연애 이야기는 하고 싶지 않아.'라고 생각하는 아이도 있다.

　어느 쪽이든 부모가 취해야 할 태도는 같다. 가장 중요한 것은 연애나 성적인 내용을 부정하지 않는 태도다.

　누군가를 좋아하게 되는 것, 그 상대방과 신체를 접촉하고 싶어 하는 것, 연애에 흥미를 느끼는 것은 인간으로서 지극히 자연스러운 감정이다.

아이가 연애 이야기를 하거나 좋아하는 사람에 관해서 밝혔을 때 장난스럽게 받아들이거나 "그건 그렇고 공부는?" 하고 말하는 것은 바람직하지 못하다.

"너도 사랑을 하게 되었구나."

이렇게 그 사실을 함께 기뻐한 뒤 관심을 가지고 이야기를 들어주도록 하자.

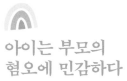

아이는 부모의
혐오에 민감하다

아이의 연애와 관련하여 가장 나쁜 대응은 "연애는 아직 일러.", "지금은 공부할 때야."라는 식으로 부정하는 말을 하는 것이다. 그런 식으로 직접적으로 입 밖으로 표현하지는 않더라도 아이돌이나 연예인을 선망의 대상으로 생각하는 아이를 보고 '한심하다'는 태도를 보이면 아이는 민감하게 그 사실을 알아챈다. 그리고 그런 체험이 거듭 쌓이면 연애나 성적인 문제는 엄마(아빠)와 이야기하면 안 되는 것, 감추어야 하는 것이라고 생각하게 된다.

누군가를 사랑하는 건 멋진 일이다. 그 사람을 보면 자기도 모르게 눈길이 간다. 말을 섞는 것만으로 가슴이 설렌다. 상대방을 생각하는 것만으로 행복해진다. 그런 따뜻하고 진솔한 감정이 솟아오르는 것 자체가 아이의 마음이 풍요롭게 성장하고 있다는 증거다. 연애나 성적인 문제를 부정하거나 특별하게 취급하지 않고 다른 화제와 마찬가지로 수평적으로 받아들이도록 하자.

성에 관해서는
개방적으로 이야기한다

초등학교 고학년부터 중학생에 걸쳐서 특히 성적인 문제에 관한 흥미나 관심이 높아진다. '만지고 싶다', '키스하고 싶다'는 욕구나 섹스에 대한 흥미가 끓어오름과 동시에, 대부분의 아이들이 '자신의 성기 모양이 정상인지' 불안해하거나 이런저런 신체적 콤플렉스를 느끼게 된다. 성적인 콘텐츠에 흥미를 가지기도 한다.

아이에게 섹스와 관련된 질문을 받거나 가정에서 성적인 문제가 화제가 되었을 때에는 개방적으로 자연스럽게 이야기를 나누어야 한다.

쑥스러움이나 부끄러움 때문에 '아직 이르다'고 거부를 하거나 외면하는 부모가 있는데, 이것은 부모가 미숙하다는 증거다. 시기가 빠르고 느린 것을 결정하는 것은 부모가 아니라 아이 자신이다. 현실적으로는 중학생 시절에 첫 경험을 하는 아이도 결코 적지 않다.

그렇다면 구체적으로 어떻게 대화를 나누어야 할까?

만약 아이에게 "섹스가 뭐야?"라는 질문을 받는다면 "좋아하는 사람끼리 사랑을 나누는 소중한 행위야."라고 자연스럽게 설명해준다. 아이가 초등학교 4학년 이상이라면 '남성의 성기가 여성의 질 안으로 들어가 사정을 하는' 구조와 그것이 임신과 연결된다는 사실도 포함해서 설명해준다. 숨기는 것이 아니라 활짝 개방을 하고 설명해주는 것이 포인트다.

하지만 말만으로 설명하기는 다소 어려운 주제도 있다. 최근에는 초등학생용이나 중학생용 성교육 서적이나 10대를 대상으로 한 성교육 동영상이 충실하게 제작되고 있으니까 그런 콘텐츠를 최대한 이용하는 것도 좋은 방법이다.

섹스의 소중함과 의미를 이해하면 좋아하는 사람과 해야 한다는 것, 임신이나 성병의 위험이 있다는 것 등에 대해서도 이해하게 될 것이다.

부부의 스킨십을
자연스럽게 보여준다

아이가 행복한 연애를 했으면 좋겠다, 힘들 때 지켜줄 수 있는 멋진 파트너를 만났으면 좋겠다. 부모로서 이런 바람이 있다면, 무엇보다 효과적인 방법은 '부모가 남녀로서 평소에 사이좋게 지내는 모습을 보여주는' 것이다. 아이에게 있어서 부모는 가장 가까이에 있는 '커플의 견본'이다. 아이는 부모의 행동을 보고 연애나 결혼관을 배운다.

"아이 앞에서 애정 표현을 하는 건 부끄러워요."라고 말하는 사람도 있지만 그래서는 부부 사이의 사랑이 아이의 눈에 보이지 않는다. 아이 앞에서 키스를 하거나 포옹을 하는 습관을 들이자.

사랑한다는 말을 전하는 것도 중요하다.

　그게 쑥스럽게 느껴지는 경우에는 손을 잡거나 팔짱을 끼거나 서로에게 기대는 모습을 보여주는 것만으로도 충분하다. 부디 아이 앞에서 모범적인 스킨십을 보여주도록 하자.

부부 싸움을 하더라도
화해까지 세트로
보여준다

부부 싸움은 아이 앞에서 하지 않는다고 결심을 하는 사람이 있다. 그러나 스킨십과 마찬가지로 부부 싸움도 아이 앞에서 하는 쪽이 낫다고 나는 생각한다.

애당초 부부라고 해도 각자의 인격체를 가진 다른 인간이다. 한 지붕 아래에서 함께 살다 보면 의견이 다른 경우도 반드시 나온다. 싸움을 하지 않고 침묵만 흐르는 이상한 분위기는 반드시 아이에게도 전달된다.

부부가 각자 자신의 주장을 내세우다가 싸움을 하게 된다면, 그 후에 서로 사과를 하고 화해를 하는 과정까지 아이에게 꼭 보여주도록 하자.

아이는 부모의 싸움을 통하여 사과하는 방법이나 양보하는 기술, 그리고 싸움을 하더라도 다시 좋아질 수 있도록 관계성을 구축해 나가는 방법을 실질적으로 배울 수 있다.

물론 고함을 지르거나 위협을 하고, 또는 손찌검을 하는 등 아이가 겁을 낼 수 있는 과격한 싸움은 논외다.

이혼도 나쁘지 않은
선택임을 말해준다

부모는 가장 가까운 '커플의 견본'이다. 그러나 무리해서까지 부부로 있을 필요는 없다.

"이혼을 하면 아이가 불쌍해진다."

"아이를 위해 이혼할 수 없다."

이런 결정을 내리고 하루하루를 눌러 참으며 살아가는 부부가 있다. 그러나 실제로는 매일 싸움만 하는 부부나 관계가 완전히 식어버린 부부 아래에서 자란 아이 쪽이 훨씬 더 고통스럽다.

아이가 '나 때문에 엄마(아빠)가 참고 산다.', '이혼을 하지 않는 이유는 나 때문이다.'라고 생각하게 되면 부모에 대한 반항심이나 불신감이 더 강해지는 경우도 있다.

한 부모 가정이라도 괜찮다. 연애나 성에 관해서 얼마든지 아이와 함께 이야기 나눌 수 있다. 생리나 사정이 당연하다는 것, 섹스나 피임의 중요성, 다양한 가정의 형태가 존재한다는 것…. 이런 화제들을 다른 화제와 마찬가지로 일상생활 속에서 자연스럽게 이야기하도록 하자. 그렇게 하는 것으로 아이도 자신의 의견이나 의문을 거부감 없이 이야기할 수 있게 된다.

부모가 모든 것을 가르쳐주어야 한다는 생각은 할 필요가 없다. 친척이나 주변 사람에게 배우는 것도 나쁘지 않다. 학교나 친구, 만화, 인터넷을 통해서 배울 수도 있다.

연애나 성에 관련된 지식은 한 번에 배울 수 있는 것이 아니다. 초조해하지 말고 천천히 주변의 도움을 빌리면서 가르쳐주도록 하자.

성에 관한 고민은
동성의 어른이 들어주자

사춘기 아이의 신체 변화나 고민에 관해서는 가능하면 아이와 같은 성별을 가진 부모가 대화 상대가 되는 것이 편하다. 여자아이의 고민은 엄마가, 남자아이의 고민은 아빠가 각각 실질적인 체험을 바탕으로 상담을 해줄 수 있다.

"엄마도 생리통이 심한 편이라 이해할 수 있어. 통증이 심할 때에는 진통제를 먹는 게 좋아."

"아빠도 열두 살 때부터 그런 것에 흥미가 있었어."

이런 식으로 아이와 같은 눈높이에 서서 실질적인 체험을 자연스럽게 이야기하는 것이다. '나만 이런 것이 아니구나.'라고 깨달을 수 있다면 아이는 마음이 한결 편해질 것이다. 가능하면 이성인 가족이 없는 타이밍에 자연스럽고 간결하게 이야기하는 것이 비결이다.

한 부모 가정에서 부모와 아이의 성별이 다른 경우에는 친척이나 친구에게 부탁하거나 성교육 서적 등을 이용하여 '남자아이(여자아이)는 이렇다'는 식으로 적당한 거리감을 유지하면서 이야기하면 좋다.

아이에게 사귀는 사람이
생겼다면 인정해준다

　좋아하는 사람이 생겼다는 것은 매우 행복하고 멋진 일이다. 만약 아이에게 남자 친구나 여자 친구가 생겼다는 사실을 알게 되면, 그리고 아이가 기쁜 표정으로 그런 말을 한다면 어떤 반응을 보여야 할까? 우선 "그래? 잘됐다.", "어머, 축하해."라고 아이의 기분에 맞추어 축하해주도록 하자.

　'초등학생인데 아직 이르다.'라는 생각에 반대하는 부모도 있을 테지만 무조건 교제를 부정하거나 지나치게 추궁하게 되면 아이는 이후 절대로 부모에게 이야기하지 않는다. 무엇인가 문제가 발생하더라도 '이런 문제는 엄마(아빠)에게는 절대 말할 수 없어.', '내가 고민을 말해도 소용없어. 엄마(아빠)는 나를 이해하지 못해.'라고 생각하기 때문이다.

사춘기 아이는 이미 절반은 어른이다. 남자 친구나 여자 친구가 생기는 것을 부모가 일방적으로 막는 것은 불가능하다.

섹스는 동의와
피임이 중요하다는 점을
알려준다

자녀에게 사귀는 사람이 생기면 부모는 섹스에 관해서도 분명하게 이야기해주어야 한다. "중학생인데 첫 경험이라니 너무 일러.", "섹스는 흥미로 하는 게 아냐."라는 식으로 정론을 편다고 해서 아이들의 충동이나 행동이 멈추지는 않는다.

부모가 할 수 있는 건 두 가지다. 섹스에서의 '동의'와 '피임'의 중요성을 확실하게 설명해주는 것이다.

'동의'란 '성적 동의', 즉 서로의 손길을 인정하는 것이고, 섹스 또한 서로가 동의해서 하는 것을 일컫는다.

젊은 커플의 경우 남자아이의 강요에 의해 여자아이가 섹스에

응하는 경우가 많은데, 이것은 바람직한 형태가 아니다. 섹스에
는 양쪽의 '동의'가 필요하다는 것을 확실하게 알려주도록 한다.

또 한 가지 중요한 점은 피임이다. 섹스를 한다면 반드시 콘돔
을 착용할 것! 이것만큼은 아이의 성별을 가리지 않고 분명하게
가르쳐주어야 한다. 콘돔을 사용하는 것은 임신이나 성병의 위험
으로부터 여자아이의 몸을 지키는 행위다. 다시 말해, 콘돔을 기
피한다는 것은 '자신의 쾌락만 생각하는(상대방을 소중하게 여기지
않는)' 행위나 다름없다.

"아이에게 그런 말까지 어떻게…"라고 저항감을 느끼는 부모도
있을 수 있다. 그러나 현실적으로는 '밖에 사정을 하면 괜찮다'는
식으로 안일하게 생각하고 섹스를 했다가 임신이 되어버리는 경
우가 적지 않다.

"나를 사랑하잖아. 그럼 콘돔 같은 건 없어도 되는 거 아냐? 내
가 책임질게."

이런 식으로 여자 친구를 몰아세우는 남자아이도 있다.

따라서 현명한 부모라면 "그건 사랑이 아니다.", "자신의 쾌락
만 소중하게 여기는, 사랑이 전혀 없는 사고방식이다."라고 자녀

에게 명확하게 가르쳐주어야 한다.

낮은 연령의 출산은 모체에도 커다란 부담이 된다. 아이의 인생을 지켜주기 위해서라도 기회를 봐서 반드시 이 부분에 관하여 이야기해주도록 하자.

이성과
교류할 수 있는
장을 넓혀야 한다

일부러 여학교나 남학교를 선택하여 진학하는 아이들이 꽤 있다. 물론 여학교나 남학교만의 장점도 많이 있다.

"이성의 눈을 신경 쓰지 않고 공부에 전념할 수 있다."

"여학교이기 때문에 리더십이 육성된다."

"남학교이기 때문에 자유로운 교풍이 있다."

"평생 함께할 수 있는 친구를 만들 수 있다."

이런 장점은 커다란 매력이다. 하지만 이성에게 익숙하지 않은 채 대학생이 될 수도 있다. 이런 경우 이성을 지나치게 의식해서 남자아이를 상대하기 힘들어하거나 여자아이를 지나치게 이상화

할 수도 있다. 남녀공학의 경우는 상대적으로 이러한 경향이 덜
한 편이다.

　이와 관련하여 흥미로운 설문을 진행한 적이 있는데, 내가 조
사한 바에 따르면 '남녀공학 출신자가 대학 1~2학년에 연인이
생길 확률'은 남녀 모두 약 40%인데 비하여 남학교 출신자는 겨
우 9%였다. 설문에 응한 남고나 여고 출신자 중 일부는 이성과
의 커뮤니케이션이 불안정했고, 이성 친구를 사귀는 데도 소극적
이었다.

　하버드대학교의 조사도 흥미롭다. 조사에 따르면 남학교 출신
자의 수명이 평생 담배를 피워온 사람과 비슷할 정도로 단축된
다는데, 최신 조사에서 '이성 친구의 수'가 수명에 커다란 영향을
끼친다는 사실도 밝혀져 이 데이터와 일치한다.

　사춘기에 이성과 접촉할 기회를 가지는가, 또는 그렇지 못한가
하는 것이 이 정도로 인생에 지대한 영향을 끼친다.

　10대 시절, 감정이 풍부한 6년을 동성끼리만 보냄으로써 이성
을 접할 기회가 거의 없이 어른이 되어버리는 아이가 있다. 이런
경우 많은 아이들이 연애는 둘째치고 일반적인 커뮤니케이션조
차 힘들어하는 편이다.

물론 대학생이나 사회인이 된 이후부터 궤도를 수정할 수도 있지만 그런 기회를 붙잡지 못한 채 20대, 30대를 흘려보내는 사람도 있다. 만약 아이가 남학교, 여학교에 진학하는 경우에는 다른 학교와의 교류 모임이나 스터디 모임 등 학교 밖 장소에서 이성을 상대할 수 있도록 연구해야 한다. 이성에게 큰 관심을 품는 10대 중반이나 후반에 자연스러운 형태로 이성과 관계를 구축할 수 있는 장소를 만드는 것은 예상보다 큰 의미를 가진다.

5장

건강한 사회인이
되기 위한 준비 작업

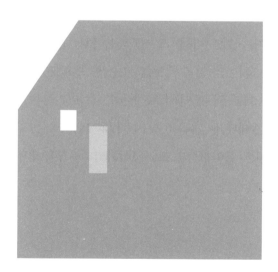

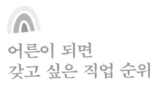

어른이 되면
갖고 싶은 직업 순위

'나에게는 무엇이 적합하고 어떤 재능이 있을까?'

사춘기는 '자신의 장래'에 관한 이미지가 조금씩 구축되어가는 시기이기도 하다. '사회에서 일한다'는 것에 관하여 조금씩 의식이 열리는 것이다.

2021년에 다이이치생명보험이 실시한 '어른이 되면 갖고 싶은 직업 순위' 조사에서는 다음과 같은 직업이 인기 직업으로 선택되었다고 한다.

• 초등학생 남자: 1위 회사원 / 2위 유튜버, 동영상 투고자 /

3위 축구 선수

- 초등학생 여자: 1위 파티시에 / 2위 교사, 교원 / 3위 유치원 교사, 보육사
- 중고생 남자: 1위 회사원 / 2위 IT 엔지니어, 프로그래머 / 3위 공무원
- 중고생 여자: 1위 회사원 / 2위 공무원 / 3위 간호사

초등학생 1,134명, 중학생 920명, 고등학생 946명을 대상으로 조사를 했는데, 중학생과 고등학생은 남녀 모두 비슷한 결과가 나왔다.

중고생이 꼽은 1위는 남녀 모두 '회사원'이다. 초등학생 남자아이도 1위가 회사원인 것을 보면 비교적 안정적인 직업을 원한다는 사실을 엿볼 수 있다.

왜 회사원이 아이들이 원하는 직업 상위에 선택된 것일까? 이 배경에는 '리모트 워크Remote Work'의 빠른 보급이 큰 영향을 끼친 듯하다. 최근 일하는 방식이 다양화되고 재택 근무가 확산되면서 '부모님이 일하는 모습'을 가까운 거리에서 지켜볼 기회가 급증했다. 아이는 일상생활 속에서 접촉하는 직업에 친근감이나 동

경을 품는다. 과거에는 가정에서 떨어져 있던 '회사원'이라는 직업이 재택 근무 등으로 아이에게 가깝게 느껴지게 되면서 장래의 선택지에 포함된 것이 아닐까?

부모 이외의
'일하는 어른'과
대화를 나누게 한다

　일본의 많은 사춘기 아이들은 부모의 일하는 모습을 보고 장래 희망 직업으로 '회사원'을 꼽았다. 한편 미국의 아이들이 직업을 결정하는 계기 중 하나는 홈 파티를 통한 다양한 사람들과의 교류라고 한다. 아이는 직접 이야기를 나눈 어른으로부터 영향을 받는다. 다양한 직업을 가진 어른들과 직접 이야기를 나누어보는 과정을 통하여 아이의 선택지가 증가하는 것이다.

　부모의 친구, 특히 자신과 다른 직업에 종사하고 있는 사람을 집으로 초대해서 아이들이 함께 이야기를 나눌 수 있는 기회를 만들어주도록 하자. 우리의 홈 파티는 어른은 어른, 아이는 아이로 나누기 쉽다. 이것은 바람직하지 않다. 따라서 아이와 어른이 함께 어울리는 자리를 마련해 부모의 지인이 자신이 하는 일이 얼마나 재미있는지 아이에게 들려주도록 하는 것이 좋다.

"목욕 세제를 개발 중인데 최근에 우리 회사에서 이런 신제품을 출시했단다."

"부동산 중개 일을 하고 있는데 사람들이 좋은 집을 구했다고 만족해할 때마다 큰 보람이 있단다."

일하는 어른의 이런 경험담을 듣고 "아, 그런 일도 있구나!", "그 일, 정말 재미있겠는데!"라는 식으로 아이의 관심과 흥미는 폭이 더욱 넓어진다.

98%의 아이는
무엇을 해야 좋을지
모른다

입시를 통해서 진로를 선택한다는 것은 자신의 장래의 방향성을 선택하는 것이다. 하지만 10대의 나이에 '장래에 이런 직업에 종사하고 싶다'고 분명하게 목표를 설정할 수 있는 아이는 매우 적다. 대부분의 아이는 무엇을 하고 싶은지, 어떤 직업에 종사해야 좋을지 아직은 잘 모르는 상태다.

미국 커리어심리학Career Psychology의 대가인 존 크럼볼츠John D. Krumboltz 박사의 연구에 의하면 큰 성공을 한 비즈니스맨 중에서 '18세 즈음에 자신이 생각했던 직업에서 성공한 사람'은 불과 2%였다고 한다. 나머지 98%는 대학이나 사회인이 된 이후에 다양한 경험을 거쳐 '자신이 정말 하고 싶은 일'을 찾았다. 자신이 무엇을 하고 싶은 것인지 알 수 없는 건 당연한 현상이다.

　내가 가르친 아이들을 돌아보아도 비슷하다. 대학에 입학한 시점에서 어렴풋이 이미지는 있지만 인생에서 정말로 하고 싶은 것이 무엇인지 알고 있는 학생은 거의 없었다. 이 책을 읽고 있는 대부분의 부모들도 그렇지 않았을까? '우연히 취업해서 하게 된 일'을 열심히 하고 있는 동안에 그것이 천직처럼 느껴졌다고 말하는 이들도 적지 않다.

　괜찮다. 그 방식은 잘못된 것이 아니다. 적성에 맞는 것인지, 즐거운 것인지, 보람을 느낄 수 있는 것인지는 해보아야 비로소 알 수 있다.

　장래 하고 싶은 일이 명확하지 않다면 일단 진학을 해서 시야를 넓혀보도록 하는 것이 좋다. 배움의 영역을 늘려 다양한 체험을 쌓으면 자신이 하고 싶은 일, 하고 싶지 않은 일이 자연스럽게 보인다.

일을 하는 의미는
스스로 발견하는 수밖에 없다

오랜 기간 대학에서 젊은 사람들을 상대하다 보니, "가능하면 일하고 싶지 않아요. 결혼도 하고 싶지 않아요."라고 진심을 밝히는 아이들을 종종 만날 수 있었다. 처음 들었을 때는 깜짝 놀랐지만 몇 번 들으니 왜 그럴까 의문이 생기기도 했다. 젊은이들 사이에서 이런 경향은 최근 들어 더욱 강해진 듯하다.

이런 속마음을 털어놓는 경우는 대부분 남학생이다.

"일하는 것이 귀찮아요."

"매일 만원 전철을 타고, 스트레스를 있는 대로 받으며 일해야 하는 회사원은 되고 싶지 않아요."

"일하는 것에 대해서도, 결혼하는 것에 대해서도 긍정적인 의미를 찾을 수 없어요."

이런 생각을 하는 학생이 결코 적지 않다. 솔직히 나는 지금의 어른들 모습이나 사회 현상을 보고 젊은 학생들이 '일하고 싶지 않다'고 느끼는 것은 어떤 의미에서 매우 정직한 감각이라고 생각한다.

현재의 일본은 분명히 사회 시스템에 왜곡이 발생하고 있다. 연공서열이나 종신고용제는 끝나가고 정규직·비정규직 고용의 차별, 남녀의 임금 격차 등 다양한 문제를 끌어안고 있다. 그렇기 때문에 젊은 사람들이 기존의 낡은 가치관이나 그릇된 상식에 위화감을 느끼는 것은 어찌 보면 지극히 당연한 현상이다.

'무엇을 위해 일하는가?'

'왜 사는가?'

이런 삶의 의미는 사람들 각자가 다르다. '돈을 위해 일한다'는 사고방식은 분명한 사실이기는 하지만 그것만이 전부는 아니다. '자기다운 삶을 살기 위해 일한다'는 가치관도 있고 '세상에 도움이 되기 위해 일한다'고 생각하는 사람도 있다.

어쨌든 이것 역시 부모가 정답을 제시해줄 수 있는 문제는 아니다. 아이 스스로 '자기에게 맞는 일하는 방법'을 발견해야 한다. '일을 하는 의미'를 모색할 수 있는 사람은 어느 누구도 아닌 본인뿐이다.

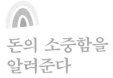

돈의 소중함을
알려준다

아이의 건전한 성장을 촉진하기 위해 돈과 관련된 문제는 부모와 아이가 개방하여 이야기하는 것도 중요하다. 중학생, 고등학생이 되면 용돈의 금액도 올라가고 지출도 나름대로 증가한다. 학원비, 스마트폰 통신비, 부서 활동비, 입시에 관련된 비용 등 돈이 나갈 상황이 부쩍 증가한다.

부모 입장에서는 "돈이 얼마나 고마운 것인지 알고 있니?", "이렇게 비싼 학원비를 대고 있으니까 반드시 합격해야 한다."라고 잔소리를 늘어놓고 싶은 마음도 든다. 그러나 유감스럽게도 그것은 아이에게 마이너스 영향만 끼칠 뿐이다.

"나보다 돈이 더 중요한 거야."

"나는 사랑받고 있지 않아."

이런 생각을 하게 될 수도 있다. 아이로 하여금 돈의 소중함을 알게 하고 싶으면 방법은 단 하나, 돈에 관해서 가족 전원이 솔직하게 이야기를 하는 것이다.

아이가 중학생 이상이면 가계부를 보여주고 집안의 돈의 흐름을 밝히는 것도 좋은 방법이다. 부모의 월수입, 매달 고정적으로 들어가는 주택융자금이나 공과금, 식비, 보험료를 비롯하여 추가로 필요한 자녀의 하기 강습비 등등. 예금통장이나 가계부 등을 보여주고 구체적인 숫자로 함께 생각해보는 것이다.

아이에게는 돈 걱정을 끼치고 싶지 않다고 생각하는 사람도 있을 수 있다. 그러나 돈 이야기를 정확하게 하지 않으면 아이는 어엿한 어른이 되기 어렵다. 어린아이 취급을 받은 아이는 아무리 시간이 지나도 어린아이로 남는다. 자립하지 못한다. 구체적인 숫자의 무게를 아는 것으로 아이는 일을 해서 돈을 버는 것의 소중함도 실감할 수 있다.

여기에서 주의해야 하는 것이 '돈을 버는 쪽이 위대하다'가 아니라는 점이다. 돈의 소중함을 전한 뒤에 아이와 말다툼을 하다가 이렇게 말하는 경우도 있다.

"불만이 있으면 네가 돈을 벌어본 뒤에 말해."

"누가 번 돈으로 먹고산다고 생각하니?"

이런 말들은 커뮤니케이션을 차단할 뿐이다. 이런 말을 들으면 아이는 아무런 이야기도 하지 않게 된다. 부모에 대한 혐오감만 높아질 뿐이다.

게다가 아르바이트 등으로 아이가 직접 돈을 벌 수 있게 되면 이 말은 더 이상 통하지 않는다. "나도 돈을 벌고 있고 있으니까 뭘 해도 상관없어."라고 생각하는 것이다. 돈을 핑계로 사용하기 시작하면 아무래도 돈을 버는 사람이 강해지고 돈을 벌지 않는 사람은 하고 싶은 말이 있어도 할 수 없게 된다. '돈의 소중함'을 알고 있는 어른이니 더더욱 '돈'이라는 말로 아이를 추궁하지 말아야 한다.

고등학생이 되면
아르바이트를
시켜도 될까

일을 하는 즐거움, 다른 사람에게 도움이 되었을 때 느끼는 충실감, 돈을 벌 때 감수해야 하는 고생 등 일하는 것에는 다양한 측면이 있다.

이 모든 것들을 동시에 배울 수 있는 것이 '아르바이트' 체험이다. 아르바이트를 하지 않고 부모가 '일하는 것'을 먼발치서 지켜보기만 하면 아이는 '노동은 생활을 영위하기 위해 어쩔 수 없이 하는 것'이라는 이미지를 품게 된다.

물론 일을 하는 것은 즐거움만 있는 것이 아니다. 어쩔 수 없이 참아야 하는 것, 힘들지만 하지 않으면 안 되는 것도 있다. 그렇기 때문에 '일하는 것'으로 다른 사람에게 도움이 되는 기쁨도 일찍부터 현장에서 체험해두어야 한다. 만약 아이가 아르바이트를 하고 싶다고 말한다면 힘껏 응원해주자.

집안 사정과 진학,
어떻게 타협해야 할까

아이를 보다 좋은 환경에서 공부시키고 싶은 마음은 모든 부모가 마찬가지다. 하지만 현실적인 문제로서 아이의 교육에는 돈이 들어간다.

일반적으로 도시에서 대학 입시를 위해 1년간 들어가는 학원비 총액은 대략 2천만 원 전후라고 한다. 대학 진학의 경우 국립대학 문과 계열과 사립대학 이과 계열은 4년 동안의 학비에 커다란 차이가 발생한다. 의학부인 경우에는 더 많은 돈이 들어가기 때문에 "집이 가난해서 의사가 되는 것을 포기했다."라고 말하는 학생도 많다.

지방에서 지역 공립학교에 갈 생각이었던 아이가 중학교 3학년이 되어 갑자기 "사립 예술고등학교에 가고 싶어."라고 말하는 경우도 있을 수 있다.

부모 입장에서는 가능하면 아이의 희망을 들어주고 싶다. 하지만 금전적으로 힘이 든다면 부모는 어떻게 해야 할까?

"우리는 그런 돈이 없어서 무리야."라고 일방적으로 말하는 태도는 바람직하지 않다. 그럴 경우, '나는 소중한 존재가 아냐.', '엄마(아빠)는 돈이 더 소중한 거야.'라고 부모에 대한 불신감만 강화될 뿐이다.

최고의 방법은 예금통장을 보여주는 등 가정의 사정을 개방하고 대화를 나누는 것이다. 수집한 정보들을 보면서 아이가 자신의 꿈이나 원하는 진로를 위해 무엇을 할 수 있는지, 어떻게 하면 현재의 경제 상황에서 조금이라도 아이의 희망을 들어줄 수 있을지 함께 작전을 짠다.

그 학교에는 왜 가고 싶은 것일까? 그 학교가 아니면 안 되는 이유는 무엇일까? 이용할 수 있는 장학금은 있는지, 우리 집 형편은 어느 정도이고 그 학교에 진학하는 경우에 학비가 차지하는 비율은 어느 정도인지, 그 학교에서 공부를 하면서 아르바이트를 할 수는 있는지 등등을 따져가며 이야기하는 것이다.

이런 정보를 모두 개방하고 아이와 함께 머리를 맞대고 의논해야 한다. 그 결과 원하는 학교에는 못 가더라도 '여기라면 거리도 가깝고 괜찮을 것 같다'는 식으로 대체할 수 있는 학교가 나올 수도 있다. 중요한 것은 두 가지다.

① 모든 것을 개방하고 대화를 나눌 것
② 아이의 꿈이나 희망을 실현시키기 위해 무엇을 할 수 있는지, 부모와 아이가 작전 회의를 할 수 있는 분위기를 만들 것

"우리 엄마(아빠)는 돈은 없지만 나의 꿈을 이루어주기 위해 최선을 다해 협력해주었어."라는 생각이 아이에게 남을 수 있도록 하는 것이다.

6장

사춘기 아이와
가족 간의 유대감

부부의 사랑이
전해주는
따뜻한 감각

육아에서 중요한 것은 부부가 서로 사랑하는 것이다. 다시 말하면 아이가 "엄마, 아빠는 싸움도 하고 화해도 하면서 결국 사이 좋게 지내는 사이야."라고 느끼게 하는 것이다.

'엄마, 아빠는 싸움도 자주 하지만 정말 사이가 좋다.'

'엄마, 아빠는 서로 사랑하고 있고 나도 사랑하고 있어.'

이 따뜻한 감각이 아이의 마음을 안정시키고 아이의 마음속에 단단히 뿌리를 내림으로써 사춘기를 순조롭게 넘기는 데에 커다란 힘이 된다.

대체로 스킨십이 너무 적어도 문제다. 이는 부부만의 문제가 아니다. 부부가 '우리는 보통'이라고 생각해도 아이는 '엄마, 아빠는 손을 잡거나 키스를 하는 걸 본 적이 없어. 틀림없이 서로 사랑하지 않는 거야.', '내가 있어서 엄마, 아빠가 헤어지지 않는 것뿐이야. 사실 두 사람의 사랑은 이미 식었어.'라고 생각하는 경우도 있다. 따라서 아이 앞에서 좀 더 사랑을 표현하는 것이 좋다.

기쁨도 슬픔도
가족이 함께 나눈다

물론 365일 줄곧 사이좋게 지내야 할 필요는 없다. 다만 부부 중 어느 한쪽이 위압적이거나 감정을 솔직하게 말하지 않고 가슴에 담아두면 아이는 그것을 알아챈다. 무리해서 충돌을 피할 것이 아니라 싸우더라도 개방하여 진심을 주고받도록 하자.

웃는 얼굴뿐 아니라 기쁨, 분노, 슬픔, 즐거움도 모두 함께 나누도록 하자. 분노나 슬픔 등의 부정적인 감정을 보여주지 않으면 아이가 괴롭힘이나 실패 때문에 고민이 있더라도 부모에게 밝히기 어렵다. 실제로 내가 상담한 아이 중에도 자살 미수까지 내몰린 아이가 있었는데, 놀라운 사실은 상담하면서 '엄마, 아빠가 늘 웃는 얼굴이어서 괴롭힘을 당하고 있다는 사실을 말할 수 없었다.'라고 털어놓았던 것이다.

진심을 털어놓을 수 있고 들어줄 수 있는 가족이야말로 진정으로 건강한 가족이다.

"오늘 회사에서 이러이러한 기분 나쁜 일이 있었어."

"그래? 정말 기분 나빴겠네. 나도 오늘 이런 일이 있어서….'

이런 식으로 하루 5분이라도 상관없으니까 부부가 힘들었던 일을 대화로 서로 주고받으면서 위로를 나누도록 하자. 그러면 아이는 "우리 가족은 괴롭고 힘들 때에는 그 기분을 말로 표현하고 서로 이해해주는 가족이야."라고 생각하게 된다.

부부 사이가 뒤틀려
악화된 경우

육아의 고민을 부부 둘이서만 해결하기가 어려운 경우에는 어떻게 하면 좋을까? 나는 카운슬링 등 외부에 도움을 구하기를 권한다.

많은 사람들이 아무래도 가족 문제는 내부에서 해결하고 싶어 한다. 그러나 같은 구성원만으로 회복하려 하다가 더 갈등의 고랑이 깊어지는 경우가 많다. 아이에 관한 고민이라면 우선 학교 상담 교사와 의논을 해보자. 부부 사이에 관련된 고민이라면 부부가 함께 상담을 받는 게 좋다.

그때의 중요한 포인트는 '부부가 함께 같은 카운슬러를 찾아가는 것'이다. 부부가 각각 다른 카운슬러를 찾아가 상담을 받으면 상대방에 대한 불만만 늘어놓게 되어 오히려 관계가 더 악화되는 경우도 있다. '아직은 회복하고 싶은' 마음이 남아 있다면 부부가 같은 카운슬러를 찾아가 함께 상담을 받기를 권한다.

부부 생활을 하다 보면 원만하게 잘 유지될 때도 있고 관계가 어긋나 어색한 냉기가 흐를 때도 있다. '더 이상 대화하고 싶지 않다.', '애정을 느낄 수 없다.'라는 생각이 들 정도로 마음이 멀어지는 경우도 있을 것이다. 이혼하는 사람도 있고 돈 문제 등 다양한 사정 때문에 어쩔 수 없이 부부 관계를 지속하는 사람도 있을 것이다.

사람에 따라 결단을 내리는 방식은 다르겠지만 만약 이혼하지 않고 결혼 생활을 지속하는 길을 선택한다면 주의해야 할 포인트 두 가지가 있다.

① 아이를 어느 한쪽의 '편'으로 만들지 말 것

예를 들어 엄마가 아이를 자기편으로 만들어 남편을 공통의 적으로 돌리는 방식은 가족 간의 고랑을 더욱 깊어지게 할 뿐이다. 아무도 행복해질 수 없다.

"아빠가 엄마에게 이렇게 심한 말을 했어."

"엄마의 이런 행동이 아빠를 화나게 만드는 거야."

이런 식으로 아이에게 말해도 아이는 입장만 난처해질 뿐이다.

파트너에 대한 불평불만은 아이에게 털어놓지 말고 상대방에게 직접 전하도록 하자. 부부 관계의 나쁜 상황에는 아이를 끌어들이지 말아야 한다.

② 사랑이 없어도 신뢰 관계만은 재구축할 것

사랑이 없더라도 신뢰 관계가 있으면 가족이라는 팀을 지속할 수 있다. 내가 상담을 할 때 부부의 신뢰 관계를 재구축하기 위해 자주 이용하는 것은 '재계약법'이다. 방식은 다음과 같다.

- '이것만큼은 지켜주었으면 좋겠다'고 생각하는 것을 서로 한 가지만 상대방에게 전한다.
- 일주일마다 서로에게 약속을 지킬 수 있었는지 확인한다.

포인트는 반드시 실현할 수 있는 것이어야 하는 것과 지켰는지 확인할 수 있는 것이어야 한다는 것이다. 예를 들어 "일주일에 두 번은 7시까지 귀가하면 좋겠다.", "일을 끝내고 돌아오면 우선 '고

생했어.'라고 말해주면 좋겠다."라는 식으로 서로 구체적인 제안을 해서 그것이 지켜졌는지 매일 확인한다. 그리고 일주일 동안 서로에게 약속을 지켰다는 사실이 확인되면 또 다음 주에 '서로에게 원하는 것 한 가지'를 전달한다. 이 방법은 신뢰 관계를 개선하는 데에 효과가 크다. 사랑이 없더라도 약속으로 관계를 지속할 수 있는 것이 어른이다.

외동아이는
가족의 소수 집단이다

어른 두 명과 아이 한 명. 외동아이를 둔 가정의 경우, 가족 중에서 아이는 늘 소수파에 해당한다. 핵가족이든 대가족이든 외동아이가 있는 집에서는 항상 어른 쪽의 수가 많은 상태다.

이것은 바꾸어 말하면 부모 쪽이 뭔가 유리한 입장에 놓여 있다는 뜻이다. 예를 들어 사춘기에 접어든 외동아이가 부모에게 반항을 해도 부모가 함께 야단을 치면 입을 다물 수밖에 없는 상황이 발생할 수도 있다. 그 결과, 답답한 아이는 부모에게 진심을 털어놓지 않게 된다.

외동아이를 둔 경우, 아이가 진심을 말하기 쉽도록 '친구 같은 부모'가 되어 분위기를 부드럽게 만들어야 한다.

부모와 아이 사이에 수직 관계밖에 존재하지 않으면 아이는 점차 답답함을 느끼게 되고 사춘기에 다다르면 갈등이 고조될 수도 있다. 그것을 해소하려면 친구나 형제 같은 '수평 관계'를 만들어야 한다. 칭찬하고 꾸짖는 것이 아니라 같은 눈높이에 서서 함께 기뻐하면서 아이를 어엿한 인간으로 존중해야 한다.

"여름방학은 홋카이도에 데려가줄게."가 아니라 "여름방학은 홋카이도에 갈까 하는데, 네 생각은 어떠니? 가고 싶은 곳은 없어?"라는 식으로 수평적 커뮤니케이션을 늘려야 한다. 가족 사이의 긴장을 완화시키기 위해 '친구 같은 관계'가 될 수 있는 요소들을 적절히 도입하도록 하자.

한 부모 가정에서의
사춘기 아이

한 부모 가정에 있어서 아이의 사춘기는 가장 힘든 과정이라고 말할 수 있다. '우리는 모자 가정이기 때문에 내가 아빠 몫까지 해야 된다.'라고 생각하는 엄마가 많이 있다. 또 '엄마가 없는 공백을 어떻게 메워야 할지 모르겠다.'라고 당황해하는 아빠도 적지 않다.

그러나 한 부모 가정에서 아이의 사춘기를 무난히 넘기는 가장 큰 포인트는 부모가 '지나치게 노력하지 않는다'는 것이다. 실수 없이 넘겨야 한다는 생각에 계속 무리를 하면 마음에 여유가 사라져 결국은 필요 이상으로 아이를 엄하게 대하게 된다. 그 결과, 아이가 엄마(아빠)를 편안하게 대하지 못하는 상황이 발생하는 것이다.

대부분의 한 부모 가정에서 부족한 것은 '엄격함'이 아니라 '상냥함', '따뜻함', '편안함'이다. 이 부분을 오해하면 거기에서부터 아이와의 관계가 어색해진다.

한 부모 가정이라는 이유로 지나치게 노력하려고 한다거나 엄마, 아빠의 역할을 혼자서 모두 짊어지려 해서는 안 된다. 이것이 한 부모 가정을 무난하게 이끌어가기 위한 철칙이다. 우선 가정밖에 많은 아군을 두어야 한다. 지역 지원 제도를 최대한 활용하여 가사 부담을 줄일 수 있다면 심리적으로 어느 정도 여유가 생길 수도 있다.

아이에게 '엄마(아빠)에게는 말할 수 없는 고민이 있는 것 같다'고 느껴질 때에는 아이가 마음 편히 이야기할 수 있는 사람을 찾아보도록 한다. 나이가 비슷한 친척이나 엄마(아빠)의 친구 등을 집으로 초대해보는 것도 좋다. 학원 선생님이나 과외 교사 등도 믿음직한 아군이다.

가족과는 다른 타인이 섞이면 가정 안의 경직된 분위기도 풀릴 수 있다. 모든 것을 부모가 혼자 감당할 필요는 없다.

단, 사춘기의 재혼에는 주의해야 한다. 재혼은 민감하고 섬세한 아이의 사춘기에 가정 안으로 낯선 어른이 들어오는 것이다. 이것은 매우 큰 스트레스가 된다. 만약 재혼을 생각하고 있다면 아이의 마음을 배려하면서 신중하게 진행하도록 하자.

복합가족이기 때문에
어려운 것이 아니다

부모의 재혼이나 사실혼에 따른 동거로 혈연 관계가 없는 부모와 아이, 형제로 구성되는 가족을 일반적으로 '복합가족' 또는 '스텝패밀리stepfamily'라고 부른다. 아이가 몇 살 때에 어떤 형식의 복합가족이 되었는가 하는 것은 각 가정에 따라 다양한 사정이 있을 수 있다.

그러나 어떤 경위라고 해도 사춘기 아이를 둔 대부분의 복합가족 부모들이 느끼는 공통점이 있다. 그것은 '피가 섞이지 않았기 때문에 더욱 좋은 부모가 되어야 한다'는 압박감이다. 그러나 이 압박감이 자주 마이너스로 작용한다.

"피가 섞이지 않았기 때문에 더욱 엄격하게 대하는 편이에요."

"피가 섞이지 않았기 때문에 더욱 걱정이 되어 이해하고 감싸주는 편이에요."

복합가족에서는 이 둘 중 하나의 패턴이 나타나는데, 이 양쪽 패턴이 모두 나타나는 경우도 있다. 부부 각자가 아이가 있는 경우라면 더 복잡하다.

그렇다면 복합가족 부모가 아이의 사춘기를 무사히 넘기려면 어떻게 해야 할까?

우선 중요한 것은 혈연 관계의 유무에 지나치게 얽매이지 않아야 한다는 것이다. 사춘기 아이를 상대하기 어려운 것은 어느 가정이나 마찬가지다. 혈연 관계인가, 아닌가는 관계없이 별다른 문제없이 산뜻하게 사춘기를 넘기는 부모는 어디에도 없다. '사춘기의 어려움'에 직면한다는 사실은 어떤 의미에서는 아이가 건강하게 성장하고 있다는 증거라고 받아들여야 한다.

아이의 사춘기는 어떤 가정에서도 갈피를 잡을 수 없을 정도로 정신이 없다. 그것은 부모가 이혼을 하거나, 재혼을 해서 문제가 되는 것은 아니다. 그것과는 관계없이 원래 아이의 사춘기는 힘들게 지나가는 법이다.

한편 복합가족이기 때문에 발생하는 고민도 있다. 복합가족 부모끼리 고민을 이야기할 수 있는 공간을 가지는 것도 나쁘지 않다. SNS 등을 통하여 같은 고민을 가지고 있는 사람을 찾아 대화를 나누어보는 것도 도움이 될 것이다.

아빠가 해야 할 일,
엄마가 해야 할 일

남녀라는 생물학적인 성이 그 사람의 모든 것을 형성하는 것은 아니다. 여자다움이나 남자다움은 대부분의 경우 사회적 환경이나 젠더관에 의해 육성된다.

아이를 키울 때도 성별의 고정관념에 얽매이지 말고 각 아이의 개성을 살려주는 것이 무엇보다 중요하다. 이 책에서도 여기까지는 여자아이나 남자아이라는 성별과 관련 없이 사춘기의 대응책을 소개했다.

그러나 한편으로는 각 성별에 의한 일정한 경향이 존재하는 것도 사실이다.

'딸에게는 다정하지만 아들에게는 자기도 모르게 엄격해지는 아빠'가 많다. 반대로 '아들에게는 다정하지만 딸에게는 자기도 모르게 엄격해지는 엄마'도 많이 있다.

아이가 사춘기로 접어들면 동성의 부모로서 취해야 할 행동이나 소통 방법이 있고, 이성의 부모로서 취해야 할 행동이나 소통 방법이 있다. 이제부터는 '엄마와 딸', '엄마와 아들', '아빠와 딸', '아빠와 아들'이라는 4가지 패턴의 조합에 따라 각각 사춘기 아이를 상대하는 방법에 관해 생각해보기로 하자.

① 엄마와 딸

같은 성별이기 때문에 딸의 마음은 충분히 이해한다고 생각하는 엄마가 많다. 그러나 엄마와 딸의 정신적인 '일체화'가 문제가 될 수도 있다. 아이가 사춘기가 되면 엄마에게는 정신적으로 '딸에게서 벗어나는' 준비가 필요하다. 아무리 얼굴과 성격이 비슷해도 엄마와 딸은 다른 인격이다.

엄마는 자신의 바람을 딸에게 강요하고 있지 않은가? 여자아이는 부모가 상상하는 것 이상으로 엄마의 기대에 부응하고 싶어 한다. 또 엄마는 '딸이니까'라는 생각이 강해서 카운슬러 대신 자신이 상담을 해주려는 경우가 많다. 그러는 과정에서 자신이 할 수 없었던 꿈을 엄마가 딸에게 위탁하는 것은 단순한 자기투영 (독선적 강요)이다.

엄마인 자신의 바람이 아니라 딸 자신이 무엇을 바라고 있는지를 간파하고 그 꿈을 이룰 수 있도록 응원해주어야 한다. 그리고 자신과는 다른, 있는 그대로의 딸을 응원하고 지지하고 지켜보아야 한다.

② 엄마와 아들

사춘기 남자아이를 대할 때에 엄마가 신경을 써야 하는 것 중의 하나는 성에 관한 것이다. 스마트폰이나 태블릿 등을 통하여 아들이 성적인 콘텐츠를 보고 있는 장면을 우연히 목격했을 때나 자위를 하는 도중에 방문을 연 경우에는 과잉 반응을 하지 말고 자연스럽게 대응하도록 한다. "아, 미안." 하고 한마디한 후 방문을 조용히 닫고 물러나는 정도가 좋다.

혹시라로 "뭐 하는 거야!"라고 눈살을 찌푸리고 소동을 피우는 일은 없어야 한다. 또 재미있다는 표정으로 "그런 타입을 좋아하는구나. 특이하네."라고 놀리는 것도 삼가야 한다.

사춘기 남자아이가 일시적으로 여성을 무시하는 발언을 하는 경우도 있을 것이다. 만약 아들이 "저런 옷을 입고 다니니까 치한

에게 당하지. 저 여자가 문제네."라는 식의 말을 한다면 "그건 아
냐. 어떤 옷을 입고 있건 상대방의 허락 없이 몸에 손을 대는 행
동은 정말 나쁜 거야."라고 분명하게 반론을 펴서 가르쳐주어야
한다. 아들은 엄마와의 그런 대화를 거쳐 여성을 대등하게 바라
보는 시각을 갖추게 된다.

③ 아빠와 딸

사춘기 여자아이에게 아빠는 '가장 가까운 이성'이다. 그 때문
에 아빠가 따뜻한 사람이라면 '남자는 따뜻하고 부드러운 존재'
라고 생각하게 된다. 아빠가 집안일을 하는 사람이라면 '남자도
집안일을 하는 것이 일반적'이라고 생각하게 될 것이다.

반대로 아빠가 늘 엄격하고 엄마에게 고함을 지르는 식으로 행
동하면 '남자는 늘 폭력적이어서 싫다.', '결혼은 가능하면 안 하
는 게 좋겠다.'라고 생각하게 된다.

이처럼 딸은 아빠의 행동을 보고 '남성은 이런 존재'라는 이미
지를 만들어간다. '여자아이는 아빠와 비슷한 사람을 좋아하게
된다'는 말도 있다. 아빠의 사소한 행동 하나하나가 딸의 연애관
이나 인생에 끼치는 영향력은 이처럼 매우 크다. 따라서 아빠는
우선 딸이 안심하고 상대할 수 있도록 커뮤니케이션을 구축하는

데에 신경을 써야 한다.

사춘기 여자아이 가운데 중학생, 고등학생 여자아이의 30~50%가 '아빠는 냄새가 난다', '아빠는 더럽다', '빨래는 따로 했으면 좋겠다'고 말한다. 이 말을 듣고 충격을 받는 아빠들이 꽤 있을 것이다. 그럴지라도 갑자기 화를 내거나 폭력적인 모습을 보여서는 절대 안 된다. 사춘기 여자아이에게는 '아빠의 다정함'이 가장 중요하다.

④ 아빠와 아들

사춘기의 아들과 아빠, 남자끼리의 관계성에는 '경쟁하지 않는다', '추궁하지 않는다', '힘으로 억누르지 않는다'는 세 가지 포인트가 있다.

아들이 "시끄러워!"라고 말했다고 해서 "그게 무슨 말버릇이야!"라고 화를 내고 추궁하는 태도는 바람직하지 않다. 논리를 내세워 억지로 사과하게 하거나 폭력을 휘두르는 것은 더더욱 바람직하지 않다.

사춘기 남자아이의 초조감에 명확한 이유는 없다. 이때는 어른으로서 냉정하게 "그런 거친 말은 하는 게 아냐."라고 가볍게 전달하는 정도로 끝내는 게 좋다. 사춘기 아들에게도 '아빠는 따뜻한 사람'이라는 인식을 심어주면 마음의 안정을 유지하는 데에 큰 도움이 된다.

사춘기 남자아이들 중에는 동성인 아빠에게 경쟁심을 가지는 경우도 있다. 특히 '남자다움'을 느끼게 하는 아빠는 사춘기 아들에게 있어서 '인생의 라이벌' 가운데 한 명으로 보일 것이다. 그런 기색을 느꼈다면 아들을 아이 취급하지 말고 가능하면 '어른 취급'을 하도록 하자. 아들은 '어른 취급'을 받으면 그만큼 듬직하고 책임감 있는 성인으로 성장할 것이다.

아이에게 안도감과 용기를 주는
부모가 될 수 있을까

이 책을 읽으면서 자신의 사춘기 시절 기억이 되살아난 사람도 있지 않을까?

"내가 중학교 2학년 때, 어머니가 이렇게 해주셨으면 정말 좋았을 텐데…."

"사춘기 때 부모님에게 들은 이런 말이 너무 충격이어서 지금도 잊히지 않는다."

이런 식으로 고통스러운 기억 한두 가지 정도는 누구에게나 있을 수 있다. 어쩌면 자신이 사춘기 시절에 겪었던 부모의 강압이나 강요 등을 부모가 된 지금 마찬가지로 자신의 아이에게 똑같이 행하고 있을 수도 있다.

다행인 건 이러한 행동이나 사고방식을 뒤늦게라도 인지하면

바꿀 수도 있다는 것이다. 부모가 된 당신에게 '불행의 연쇄고리를 끊어버릴 수 있는 기회가 주어진 것'이라고 말할 수 있다.

자신의 사춘기 시절에는 부모의 어떤 말에 상처를 받았을까? 부모님이 보여준 마음에 들지 않는 행동들은 어떤 것이었을까? 그런 기억들을 떠올리고 본인에 관하여 정직하게 아이에게 이야기하자.

"아빠는 고등학교 1학년 때 이런 고민이 있었다⋯."

"엄마는 중학교 3학년 때 이런 일이 있어서 힘들었어⋯."

이렇게 말하는 것이다. 부모가 자신에 관하여 이야기한다는 것은 아이에게 창피를 당해도 괜찮다, 실수를 할 수도 있다는 안도감과 용기를 심어준다.

마지막으로 나 자신의 사춘기에 관하여 조금만 이야기해보겠다. 우리 집은 학교에서도 1, 2위를 다툴 정도로 가난한 가정이었다. 아버지는 나쁜 사람은 아니었지만 일에서는 재주가 부족했는지 수십 번이나 이직을 했다. 한편 어머니는 하카타博多 출신의 여장부였는데, 성격이 매우 밝은 사람이었다. 아이들 앞에서 "돈이 없다고 불평을 해도 아무런 소용이 없어. 내가 어떻게든 벌어볼 테니까 열심히 살아보는 거야!"라고 큰소리를 칠 정도로 항상 얼굴에서 미소가 떠나지 않는 사람이었다.

나는 중학교 3학년 때부터 '인간은 무엇을 위해 태어나 무엇을 위해 사는가' 하는 고민을 시작했고, 신경증에라도 걸린 것 같은 상태에 빠졌다. 인간 불신, 자기 불신이 극한에 이른 고등학교 2학년 때에는 자살 미수 사건까지 벌였다. 그리고 5년 동안 아버지, 어머니와는 단 한 마디도 말을 섞지 않았다.

그러나 그럴 때에도 어머니는 변함이 없었다. 고등학교 3학년 때에 진로 면담에서 담임선생님에게 어머니는 "우리 아이는 속세를 떠난 사람이에요. 저는 포기했어요."라고 말하고 나를 그냥 내버려두었다. 나는 진심으로 어머니에게 감사하고 있다. 만약 그때 어머니가 심각하게 고민을 하며 나를 어떻게든 바꾸어보려고 시도했다면 나는 어머니와 함께 고민하고 의존하다가 결국 방 안에 틀어박힌 은둔형 외톨이로 지냈을지 모른다.

"뭐, 잘되겠지."라는 어머니의 밝고 긍정적인 성격 덕분에 나는 구원을 받은 것이다. 사소한 일에 얽매이지 않는 어머니의 '잘될 거야'라는 낙관적 자세로 인해 구원을 받았다고 할 수 있다.

아이는 사춘기를 지나면서 몸과 마음이 부쩍 자란다. 물론 즐거운 일만 있는 것이 아니다. 오히려 고통의 연속으로 모든 것을 포기하고 싶은 마음이 들기도 하고 숨이 막힐 듯한 답답함을 느끼는 경우도 적지 않다. 아이가 강렬하게 반항하면서 욕설까지 내뱉는 상황이 오면 "저 아이, 낳지 말았어야 했어."라고 조용히 눈물을 흘리는 일도 있을 수 있다.

하지만 그 또한 육아의 고통을 통하여 부모의 영혼이 성장할 수 있도록 아이가 제공해주는 선물이라고 여기자. 또 아이가 무엇인가 곤란한 행동을 하면 그것은 아이 자신의 성장에 필요한 것일지도 모른다고 생각하자. 동시에 그것은 엄마, 아빠의 인간적인 성장을 촉진시키기 위한 것이기도 하다.

때로는 모든 것을 던져버리고 싶은 마음이 들 수도 있다. 그럴 때에는 10분이면 충분하니까 아이에게서 벗어나 심호흡을 하자. 그리고 마음속으로 이렇게 중얼거리자.

"아이의 영혼은 나를 선택해서 내게로 찾아와주었다.

고맙다. 고맙다. 고맙다.

나를 부모로 선택해서 이 세상에 태어나 주어 정말 고맙다.

이 모든 것은 보이지 않는 세상으로부터 온 선물,

영혼의 깨달음과 성장을 위해 신이 주신 귀한 선물이다."

아이는 부모의 기대를 배신해도 된다

내가 일찍이 상담을 하면서 만난 한 여성은 '자기'가 없다는 문제에 관해서 줄곧 고민해왔다. 그녀는 어린 시절부터 "엄마는 네가 영어를 잘하면 좋겠다.", "엄마는 네가 교사가 되면 좋겠다."라는 말을 들으며 자랐다고 한다. 순수한 그녀는 부모의 기대에 부응하여 커서 영어 교사가 되었다. 교사는 멋진 직업이었다. 그러나 그것은 그녀 자신이 선택한 직업이 아니었다. 거기에는 '자기'가 없었다. 아무리 노력해도, 아무리 많은 시간이 흘러도 '빌린 인생'일 뿐이었다.

부모는 아이를 그렇게 키우면 안 된다.

"우리 아이는 장래에 이러이러한 사람이 되면 좋겠어."

"일류대학에 가서 이런 직업에 종사하면 좋겠어."

이런 식으로 압박을 주는 것은 아이의 인생을 구속하는 것과 같다. 만약 아이가 행복한 인생을 살기를 바란다면 '부모의 기대는 배신해도 된다'고 아이에게 분명하게 말해주자. 부모에게 그런 말을 들은 아이는 진정한 자신의 행복을 찾아 여행을 떠날 수 있다.

"엄마나 아빠가 바라는 대로 되지 않아도 돼."

"네 인생을 행복하게 만들 수 있는 건 너밖에 없어."

이렇게 말한다는 것은 상대방을 어른 취급하고 있다는, 대등한 인간으로서 존중하고 있다는 의미이기도 하다. 그리고 그 마음은

222

반드시 아이에게 전달된다.

　마지막으로 다시 한번 〈게슈탈트의 기도〉를 부모와 아이 버전으로 바꾼 시를 싣도록 하겠다. 사춘기 아이를 상대하기 위해 필요한 모든 마음가짐이 여기에 응축되어 있다.

> 아이는 아이의 인생을 살고
>
> 부모는 부모의 인생을 산다.
>
> 아이는 부모의 기대에 부응하기 위해
>
> 이 세상에 태어난 것이 아니다.
>
> 부모도 아이의 기대에 부응하기 위해
>
> 이 세상에 태어난 것이 아니다.
>
> 아이는 아이, 부모는 부모.
>
> 아이에게는 아이의 인생이 있고
>
> 부모에게는 부모의 인생이 있다.

　아이는 언젠가 성장해서 부모 곁을 떠날 것이다. 그리고 아이가 정신적으로 부모로부터 '독립'했을 때 틀림없이 변화가 풍부했던 이 사춘기 시절을 기억할 것이다.

사춘기 아이 키울 때
꼭 알아야 할 것들

초판 1쇄 인쇄 2022년 5월 13일
초판 1쇄 발행 2022년 5월 20일

지은이 | 모로토미 요시히코
옮긴이 | 이정환
펴낸이 | 한순 이희섭
펴낸곳 | (주)도서출판 나무생각
편집 | 양미애 백모란
디자인 | 박민선
마케팅 | 이재석
출판등록 | 1999년 8월 19일 제1999-000112호
주소 | 서울특별시 마포구 월드컵로 70-4(서교동) 1F
전화 | 02)334-3339, 3308, 3361
팩스 | 02)334-3318
이메일 | namubook39@naver.com
홈페이지 | www.namubook.co.kr
블로그 | blog.naver.com/tree3339

ISBN 979-11-6218-203-1 03590